既 有 建 筑 绿 色 改 造 系 列 丛 书
Series of Green Retrofitting Solutions for Existing Buildings

申都大厦绿色化改造与运维

Green Retrofitting and Managing of Shendu Mansion

田炜 夏麟 等著

中国建筑工业出版社

图书在版编目（CIP）数据

申都大厦绿色化改造与运维／田炜，夏麟等著．
—北京：中国建筑工业出版社，2016.4
（既有建筑绿色改造系列丛书）
ISBN 978-7-112-19245-8

Ⅰ.①申… Ⅱ.①田… ②夏… Ⅲ.①生态建筑-建筑设计 Ⅳ.①TU201.5

中国版本图书馆CIP数据核字（2016）第059080号

责任编辑：张幼平　费海玲
责任校对：陈晶晶　李美娜

既有建筑绿色改造系列丛书
申都大厦绿色化改造与运维
田 炜　夏 麟　等著
*
中国建筑工业出版社出版、发行（北京西郊百万庄）
各地新华书店、建筑书店经销
北京方舟正佳图文设计有限公司制版
北京中科印刷有限公司印刷
*
开本：787×960毫米　1/16　印张：7½　字数：130千字
2016年8月第一版　2016年8月第一次印刷
定价：68.00元
ISBN 978-7-112-19245-8
（28495）

序

“十一五”、“十二五”期间，绿色建筑取得跨越式的发展，自2006年发布《绿色建筑评价标准》以来，我国获得绿色建筑设计/运营标识的项目从2008年的10项，到2009年的20项，再到2010年的80项，截至2014年12月份已达2538项，其中运行标识项目仅159项，占总数的6.3%。获得标识项目中属于既有建筑改造的运行标识项目更是寥寥无几。

上海申都大厦始建于1975年，为围巾五厂漂染车间，1995年改造设计成办公楼。经过十多年的运行使用，建筑损坏严重，因此上海现代建筑设计集团决定按照绿色建筑三星级标识要求对其进行改造。

“十二五”期间上海现代建筑设计集团承担国家科技支撑计划课题《工业建筑绿色化改造技术研究与工程示范》，针对既有工业建筑的绿色化改造再利用进行研究与示范，而申都大厦改造工程正是课题研究的载体和典型示范。该项目为高密度城市建筑群中旧工业建筑改造后的再改造工程，通过旧建筑的改造再利用，改善了建筑及周边环境，提高了建筑结构的安全性能和围护结构的节能性能，拓展了空间使用功能，完善了机电设备系统等，建筑焕然一新，满足了现有办公建筑的需求，可称之为既有建筑绿色改造的典范。

“十三五”期间绿色建筑将从重设计向重实效转变，从新建向新建和改造并重转变，从大规模建设为主向建设与管理并重转变。为了更好地宣传和普及上海申都大厦改造工程绿色建筑三星级运行标识的建设和管理经验，我们组织编写了《申都大厦绿色化改造与运维》一书。本书最大的特点是不只是阐述工程信息，也不仅是介绍绿色技术的优点，而是更注重于运维过程中的绿色技术或系统的效果和优化管理，绿色建筑的创建过程以及重要数据的分享，希望可供相关工作和研究人员学习与借鉴！

上海现代建筑设计（集团）有限公司

前言

本书是上海现代建筑设计（集团）有限公司在申都大厦运营过程中创建绿色建筑运行标识和进行绿色运维研究的经验总结和工作回顾，主要由集团技术中心负责编写。

本书分为 5 个部分。第一部分阐述了申都大厦的改造背景和改造前原状，本次绿色化的历程以及改造中实施的绿色技术和系统。第二部分主要介绍了施工阶段主要绿色创新工作。第三部分是本书的重点，分别从荣誉来袭和新的使命、成立绿色运维组织、自我完善、高新技术的使用、问题与处理、申报之路、数据分享以及用户感受 8 个部分阐述，其中包括能效监管系统、太阳能光伏发电系统、雨水回收系统、中庭自然通风、垂直绿化、屋顶绿化等绿色技术的使用效果，从不同角度进行了较为详细的阐述；“用户感受”分享了第三方研究单位的调研结果和使用者的切身体会，“数据分享”同时分享了一些重要数据包括申都大厦 2013~2014 年主要用电、用水信息，以及空调、插座照明等重要系统的运行规律等。第四部分主要总结了申都大厦实施过程中通过多种形式与行业内的专家、学者、学生、政府官员进行的交流和经验分享工作。第五部分是对两年来绿色运维工作的经验总结和对未来的畅想。

目录

1. 前世今生

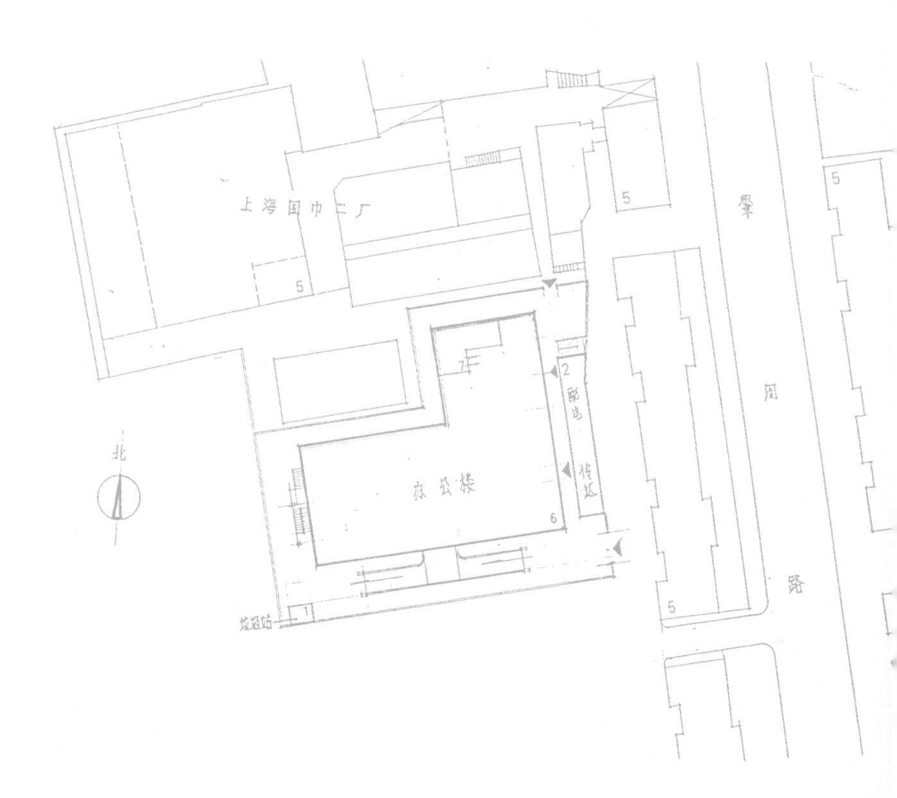

1.1 上海围巾五厂的漂染车间

上海现代申都大厦位于西藏南路近斜土东路，平面形状为L形，建筑面积约6559 m^2，总高度27.4m，原建于1975年，为围巾五厂漂染车间，结构为3层带半夹层钢筋混凝土框架结构，1995年由工厂改造为现代集团自用办公楼，改造后的建筑增加了一层地下室（14个车位），一层空间搭建了钢结构夹层，三层屋面上部搭建了2层钢结构楼层，形成了地上6层、地下1层的格局（图1-1～图1-3）。

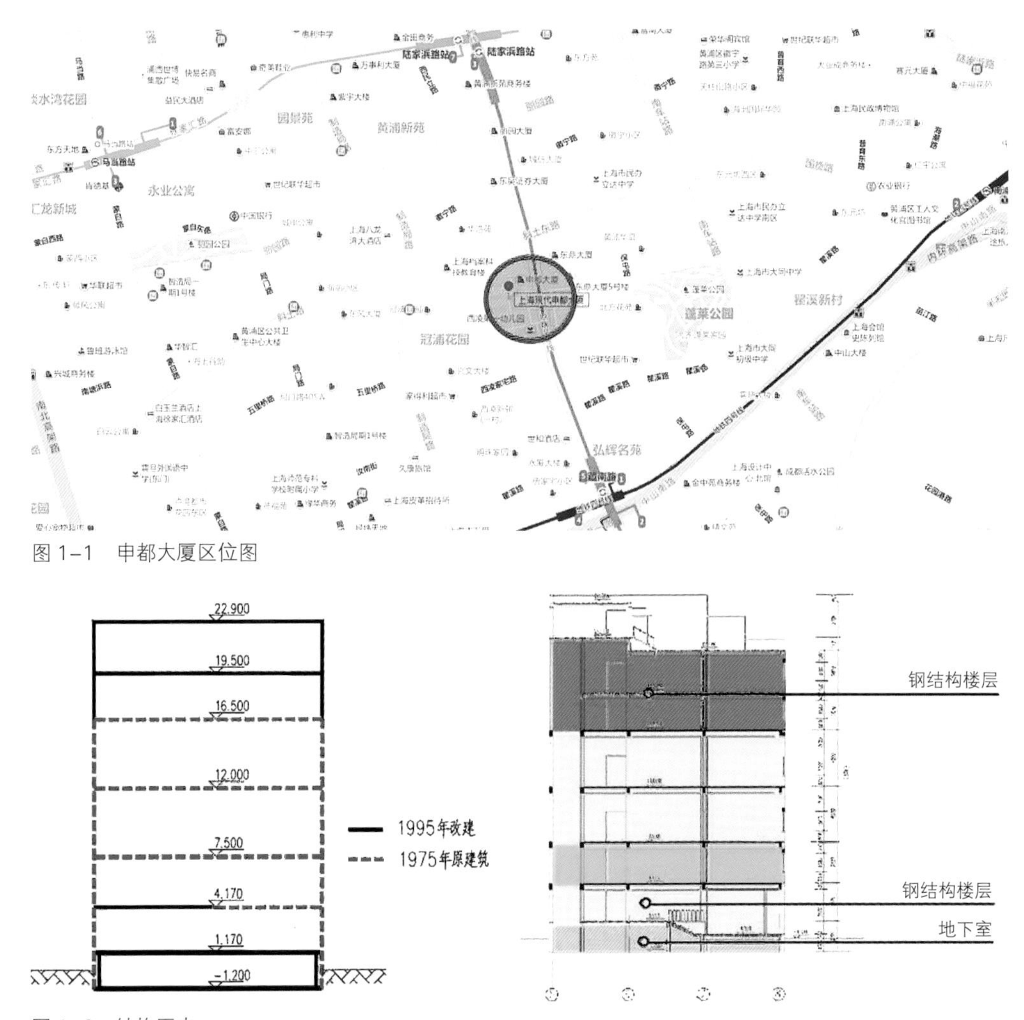

图1-1　申都大厦区位图

图1-2　结构历史

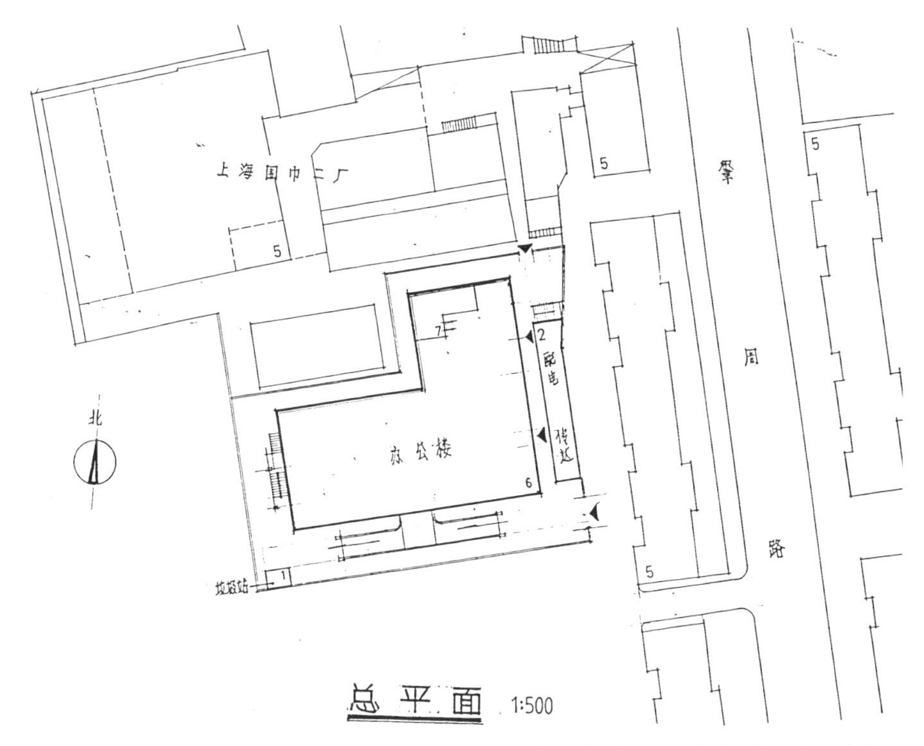

图 1–3　改造设计的总平面图（1995 改造时）

1.2 藏在居民区中的旧建筑

改造后的旧办公楼主要作为办公使用，一～四层集团子公司租用，五六层外单位租用。因年久失修，存在房屋外立面破旧、设备设施需大修改造和更新等诸多问题（图 1-4）。

建筑场地外环境原状：申都大厦既有建筑主要出入口位于建筑的东南角，场地东、南以及西向有一定的交通通道空间，场地交通空间不能形成闭合环路。建筑东侧为建筑主入口区域，场地较为狭窄，建筑南向主要为地下车库入口及车辆调转调配区域，建筑西向场区狭小，常用作自行

图 1–4　藏在居民区中的旧建筑

图 1–5 中都大厦建筑场地内部周边环境（建筑主体南侧、西侧、东侧）原状

车库区域，整个建筑场地室外区域无任何绿化（图 1–5）。

建筑场地外部环境原状：中都大厦原状为四面住宅围合，后因西藏南路拓宽，建筑东侧住宅拆迁，使得建筑东立面直接比邻西藏南路，建筑南、西两侧比邻社区住宅建筑，建筑北向比邻社区活动中心。中都大厦自身南向主立面对应其南向住宅建筑北侧的卫生间、厨房与洗浴空间，景观视线较差，建筑间距较小（图 1–6）。

建筑外立面原状：建筑整体立面老旧，局部立面出现墙体开裂，建筑外部形态单一，建筑西向消防疏散楼梯老旧停用，且功能丧失。建筑主要形象立面空调外置机设置杂乱无章，建筑屋顶架空层老旧破损（图 1–7）。

建筑外部细部：建筑部分窗口上下檐出现外饰面脱落，建筑主立面空调室外机杂乱无章布置，建筑部分墙面出现锈迹“尿墙”现象，建筑场地环境较差，半地下室外侧的采光侧窗老旧破损，建筑底层立面杂乱设置“明管线”，建筑主体围护结构无任何保温节能措施与构造做法（图 1–8）。

建筑地下车库入口及内部原状：建筑主体设半地下停车库空间，进出入口位于建筑南侧，空间狭小，建筑内部通向建筑一层空间的楼梯窄小，且为单股人流通行设置，半地下室由于 1995 年改造增设夹层而成，建筑地下室层高较低，建筑净高不足 2m。地下室内部采光环境、通风环境相对较差（图 1–9）。

建筑一～六层内部原状：建筑首层高出室外地坪 1170mm，建筑一～六层空间层高不统一，建筑各层空间变化较大。即：一层 2890mm，二层 3360 mm，三层 4410 mm，四层 4580 mm，五层 3130 mm，六层 3370mm。既有建筑平面呈“L”形，而原有室内空间采用中间走廊两侧布置功能性用房的方式，建筑室内物理环境（自然通风、自然采光）相对较差。建筑既有垂直交通设备单一短缺，室内垂直疏散楼梯内部环境较差。建筑顶部五六两层局部出现变形，建筑空间划分不灵活（图 1–10 ～图 1–15）。

图 1-6 建筑场地外部环境原状

图 1-7 建筑外观原状

图 1-8 建筑外部细部原状

图 1-9 半地下车库出入口及内部连通楼梯空间及室内原状

图 1-10 建筑首层入口大厅与电梯厅改造前原状

图 1-11 建筑首层办公区与中间交通走廊原状

图 1-12 建筑二～四层办公区与中间交通走廊原状

图 1-13 建筑五层室内原状

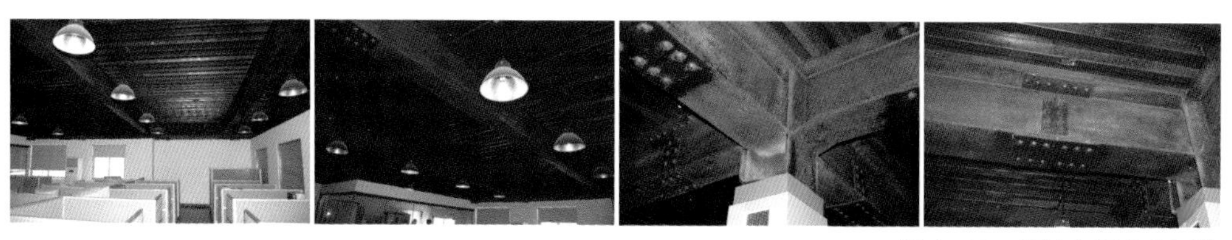

图 1-14　建筑六层室内原状

图 1-15　建筑屋顶区域原状

1.3 申都的再改造

随着上海世博园区建设，西藏南路马路拓宽工程，东面居民楼被拆除，该房屋成为西藏南路的沿街建筑，基于世博的机遇，2008 年上海现代建筑设计集团决定对其进行翻新改造，当时恰逢中国绿色建筑发展的开始，在世博和中国绿色建筑发展的双重影响下，上海现代建筑设计集团最终决定对其进行绿色化改造（图 1-16）。

基于绿色建筑评价标准三星级的要求

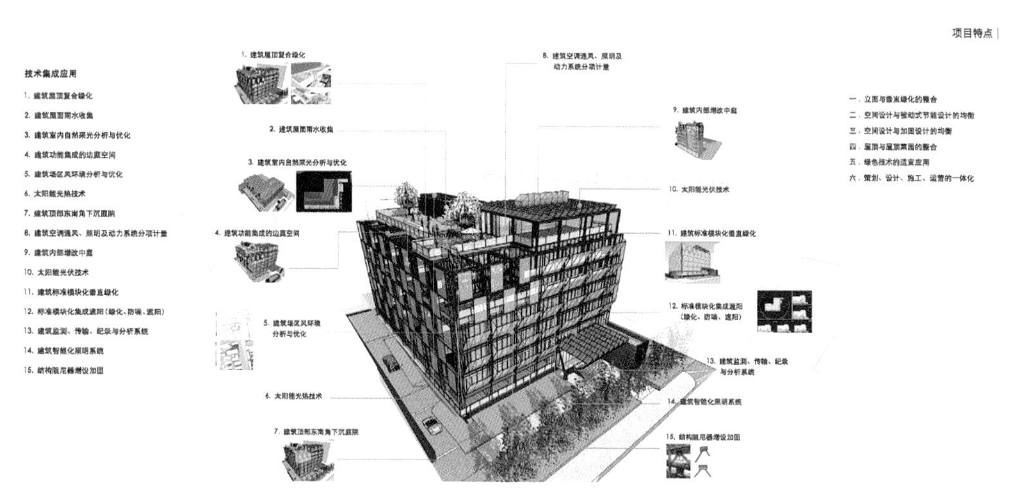

图 1-16　申都大厦的绿色技术

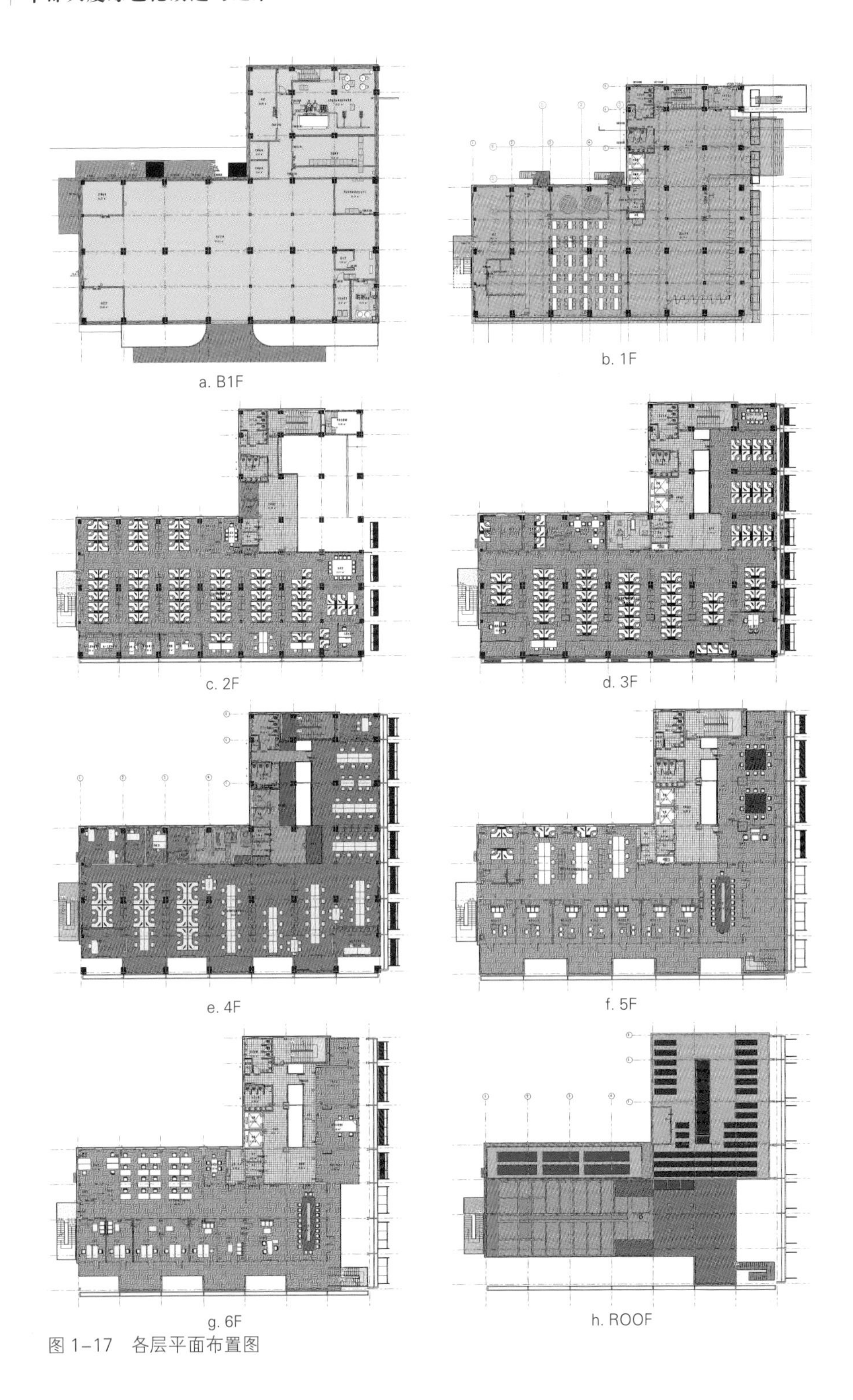

图 1-17 各层平面布置图

和申都大厦自身的特点，申都大厦改造工程采用的主要改造技术包括自然采光、自然通风、建筑遮阳、垂直绿化、屋顶绿化、阻尼器消能减震加固、雨水回用系统、空气热回收技术、节能照明灯具以及智能照明控制系统、太阳能光伏发电系统、太阳能热水系统、建筑能效监管系统平台等。

改造后的项目为地下1层，地上6层，地上面积6231.22m²，地下面积1069.92m²，建筑高度为23.75m。地下一层主要功能空间包括车库、空调机房、雨水机房、水机房、信息机房、空调机房等辅助设备用房，地上一层主要功能空间包括大堂、餐厅、展厅、厨房以及监控室等辅助用房，地上二层至六层主要为办公空间以及空调机房等辅助空间。各楼层平面划分见图1–17。

各楼层面积以及办公人数见表1–1。

申都大厦各楼面面积及使用人数

表1–1

楼层	面积（m²）	人数
B1F	1070	
1F	1170	
2F	1051	105
3F	1080	92
4F	1035	105
5F	893	46
6F	836	34
顶层	166	
总计	7301	382

项目为高密度城市建筑群中旧工业建筑改造后的再改造工程，通过旧建筑的改造再利用，改善建筑及周边环境，提高建筑结构的安全性能和围护结构的节能性能，拓展空间使用功能，完善机电设备系统等，使建筑焕然一新，满足现有办公建筑的需求，又可称之为既有建筑绿色改造的典范。

申都大厦的建设进程

2008年11月，上海现代建筑设计集团就申都大厦进行现场调研，申都大厦绿色改建拉开序幕。

2009年2月，集团技术委员会确定申都大厦的设计任务书中绿色技术部分的内容，包括自然通风、自然采光、建筑遮阳、垂直绿化、太阳能热水、雨水回用等17项技术。

2009年5月，华东院中标申都大厦改建工程，申都大厦设计工作全面开展。

2009年7月，就申都大厦改建工程的扩初设计召开了专家评审会。

2009年12月，就申都大厦“绿色三星”改造方案邀请了中国绿色建筑多位评审专家，提出了方案中存在的主要问题以及需要注意的事项。

2010年2月，集团领导听取了关于深圳建科院绿色建筑调研的工作汇报，确定了申都大厦立面方案修改的总体思路。

2010年5月，集团确定申都大厦的入住单位为设计院，在平面布局和空调系统上作出重大调整。

2010年8月，申都大厦完成各专业施工图设计，申都大厦设计工作基本完成。

2010年12月，申都大厦土建施工正式开始。

2011年3月，申都大厦招标工作全面启动。

2011年10月，申都大厦绿色技术招标工作基本结束。

2011年12月，申都大厦绿色建筑设计标识申报资料基本准备完毕。

2012年3月，向住建部城科会绿建中心提交了申报绿色建筑三星级设计标识的相关材料。

2012年9月，申都大厦的施工阶段基本结束。

2012年10月，申都大厦通过住建部组织的绿色建筑评价标准专家评审会。

2012年11月，申都大厦三星级绿色建筑设计标识获得住建部公示。

2012年12月，项目整体竣工。

2013年1月，使用单位陆续入住。

2013年2月，成立申都大厦绿色建筑的运营管理团队，启动申都大厦的绿色运营工作。

2013年5月，召开申都大厦信息化运维管理技术路径论证会。

2013年7月，申都大厦物业完成所有相关设施设备的技术交底、设备技术目录备案和申都大厦管理处作业指导书。

2013年10月，申都大厦物业管理取得环境管理体系认证证书和职业健康安全管理体系认证证书。

2014年1月，完成2013年申都大厦绿色运维年度报告。

2014年5月，启动申都大厦能源管理系统升级改造工作。

2014年6月，申都大厦绿色建筑运行标识申报资料基本准备完毕。

2014年8月，向上海市建筑建材业市场管理总站提交了申报绿色建筑三星级运行标识的相关材料，并通过了专家现场评审。

2014年10月，向住房和城乡建设部科技发展促进中心绿色建筑发展处提交了申报绿色建筑三星级运行标识的相关材料。

2014年12月，申都大厦通过住房和城乡建设部科技发展促进中心组织的绿色建筑评价标准专家评审会。

2015年1月，申都大厦获得三星级绿色建筑运行标识。

1.4 设计中透着绿色的申都

1.4.1 节地与室外环境

采用的主要技术措施包括合理采用屋顶绿化、垂直绿化等方式，绿化物种选择适宜当地气候和土壤条件的乡土植物，合理开发利用地下空间、透水地面等。同时也进行包括改造前测试分析、日照分析、交通分析、室外风环境分析等技术分析工作。

1. 垂直绿化

申都大厦改造项目的垂直绿化分设于建筑临近南侧居住区南立面区域、建筑沿主干道东立面区域，布置面积分别为东立面绿化面积 346.08m^2，南立面绿化面积 319.2m^2，共计 665.28m^2，如图 1–18。

东南两立面结合建筑多功能复合立面设置标准单元满屏复合绿化。通过对独立单元开间与逐层设置标准单元垂直绿化体系，整合建筑南立面边庭空间、建筑东南角的顶层下沉庭院空间以及建筑东侧沿街立面，将建筑界面的围合、节能、绿化、遮阳、通风以及防噪功能整合。垂直绿化采用两种爬藤植物（一种落叶爬藤——五叶地锦、一种常绿爬藤——常春藤）为主，点缀地被植物，结合建筑室内比邻空间功能需求，实现夏季绿化满屏并零星点缀小瓣粉花，对建筑东南两向进行直射光线遮挡，以及建筑主体南向较差视觉界面的屏障；冬季，通过落叶藤本植物的设置，加大直射阳光的引入，并留有一定的常绿藤本保持界面的绿色形态。

图 1–18　垂直绿化布置图

每个花箱种植 11 株植物，其中 6 株为常绿植物，3 株为落叶植物，2 株为开花植物。植物种植按规律统一布置，植物排序为 1、3、5、7、9、11 种植常春藤，2、6、10 种植五叶地锦，4、8 种植蔷薇。在花箱靠近网架侧种植一排花叶蔓，每个花箱种植 12 株；时令花卉种植于花箱裸露介质土上。

网架材料以异形不锈钢方管做主框架，内配不锈钢钢丝网片。东向外立面斜拉不锈钢网架高 3.02m，每面绿墙两端网架宽 1.165m，共 52 片，中间网架宽 1.190m，共 30 片；垂直面网架高 3.52m，宽 0.865m，共 12 片。南向外立面垂直面网架高 3.52m，宽 1.165m，共 70 片。

东立面斜拉网架及南立面垂直网架的不锈钢花箱规格为长 × 宽 × 高

1.2m×0.35m×0.4m，共152只，东立面垂直网架的不锈钢花箱规格长×宽×高0.9m×0.35m×0.4m。花箱用1.5mm不锈钢板材质制作。花箱内侧底部放置3cm排水板。在排水板上放置不锈钢种植容器，容器内侧衬垫多层无纺布制成的防介质流失袋。在无纺布容器袋内放置营养介质土。所有不锈钢材料的材质均为201亚光材质。现场放置花箱，同时在花箱前后两面贴再生塑木装饰板（竹木），花箱上部边缘两端用再生塑木装饰板（竹木）压顶。

不锈钢花箱及网架与幕墙的连接方式：花箱放置在现场预留槽内，网架在培育期内与花箱后侧下方龙骨用螺栓连接，并用角钢制作三角形支撑架，将网架固定在支撑架上进行基地培育。现场安装时将网架与花箱脱离并用螺栓将网架两侧异型方管穿透固定在钢方通上，每个网架两侧分别设定四个固定点。

灌溉方式采用滴灌系统，即循环利用自然雨水对植物进行灌溉，以达到低碳环保的要求。进水管道总管管径为3.2cm，每一层分管管径为2.5cm，流到每只花箱再分出支管管径为1.2cm，每个支管连接24个滴箭，双排平行布局在花箱中间偏两侧位置。每一套滴灌系统由一个电控箱控制，电控箱放置于四楼弱电室中。

2. 屋顶绿化

中都大厦屋面设有屋顶绿化，主要

图1-19　屋顶绿化实景图

包括固定蔬菜种植区 145m²，爬藤类种植区 7.5m²，水生植物种植区 20m²，草坪 2.6m²，移动温室种植 4.5m²，树箱种植区 4m²，果树种植 4 棵，如图 1–19。

蔬菜种类包括丝瓜、大番茄、茄子、玉米、黄瓜、荠菜、花生等 15 种。屋顶花园所设的植物分别为胡柚、芦苇、马鞭草、常春藤等本土植物。

蔬菜种植土深度不小于 25cm，果树土壤深度不小于 60cm。蔬菜种植土壤采用轻质营养土。蔬菜种植区采用渗灌及微喷两种浇灌方式，果树种植区采用涌泉式灌溉，绿化灌溉均采用收集来的雨水。

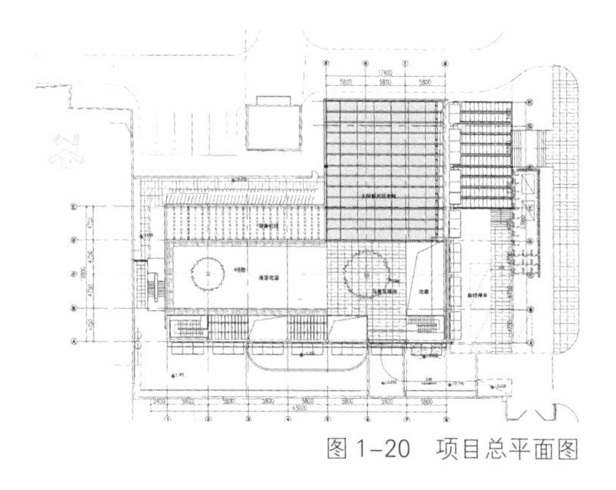

图 1–20　项目总平面图

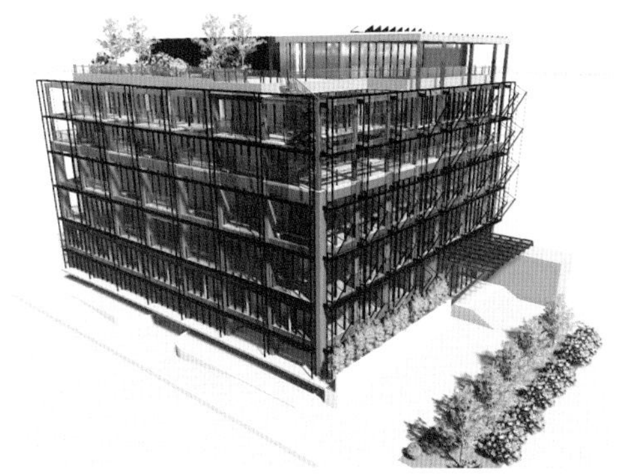

图 1–21　项目 BIM 模型

1.4.2 节能与能源利用

采用主要技术措施包括较大外窗可开启面积、边庭、中庭、较低的照明功率密度值、新风热回收、分项计量系统、太阳能热水系统、太阳能光伏系统等。同时也进行包括围护结构节能计算、全年能耗分析、新风热回收效率计算、可再生能源利用计算等技术分析工作。

1. 围护结构节能

项目整体呈 L 形，东北侧东西进深达到 17m，西南侧南北进深达到 19m，建筑朝向南偏东 10° ，体形系数 0.23。窗墙比：东向 0.67 ，南向 0.66，西向 0.08，北向 0.33（图 1–20、图 1–21）。

围护结构按照公共建筑节能设计标准进行节能改造，外墙采用了内外保温形式，保温材料为无机保温砂浆（内外各 35mm 厚），平均传热系数达到 0.85W/（m²·K）。

屋面采用了种植屋面、平屋面、金属屋面几种形式，保温材料包括离心玻璃棉（80/100mm 厚）、酚醛复合板（80mm 厚），平均传热系数达到 0.48 W/（m²·K）。

玻璃门窗综合考虑了保温隔热遮阳和采光的因素，采用了高透性断热铝合金低辐射中空玻璃窗 (6+12A+6 遮阳型)，传热系数 2.00W/(m^2· K)，综合遮阳系数 0.594，玻璃透过率达到 0.7。

2. 新风热回收系统

申都大厦新风处理机组所配的全热回收装置采用板翅式，夏季额定工况（室外干球温度 35℃，湿球温度 28℃，回风干球温度 25℃，湿球温度 19℃）的全热回收效率为 65%，冬季额定工况（室外干球温度 -5℃，湿球温度 -7℃，回风干球温度 20℃，相对湿度 40%）的显热回收效率为 70%。排放热回收机组将服务二层至六层办公区域（图 1-22）。

新风量有两种容量分别为4000 m^3/h(服务三、四、六层）和 3600 m^3/h（服务二、五层），服务二三层的新风空调箱安装在三层空调机房，服务四～六层的新风空调箱安装在四层空调机房，所有室外机都安装在屋顶西北侧太阳光热集热板下方。空调的冷媒采用了环保冷媒 R410A，制冷制热效果更佳。

针对新风热回收系统安装包括送、回、排、新风侧的温度、湿度、压力、风速的 14 个监测探头，用于实时分析新风机组的实时热量回收效果。

3. 太阳能热水系统

申都大厦太阳能热水系统设置以太阳能为主、电力为辅的蓄热太阳能集中热水系统供应热水。太阳能热水系统为厨房、卫生间等提供热水，热水用水量标准 5L/人·d(60℃)。按太阳能保证率 45 %，热水每天温升 45℃，安装太阳能集热面积约 66.9 m^2（图 1-23）。

采用内插式 U 型真空管集热器作为系统集热元件，安装在屋面。配置 2 台 0.75T 的立式容积式换热器（D1、H1）作为集热水箱，2 台 0.75T 的立式承压水箱（D2、H2）配置内置电加热(36kW)作为供热水箱。集热器承压运行，采用介质间接加热从集

图 1-22 直接蒸发分体式新风系统（带全热回收装置）实景图

图 1-23 太阳能热水系统实景图

热器内收集热量转移至容积式加热器内储存。其中 D1 容积式换热器对应低区供水系统，H1 容积式换热器对应高于供水系统。

D1、H1 容积式换热器与集热器之间采用温差循环方式收集热量，两个温差循环共用一套集热系统，之间采用三通切换阀切换，D1 容积式换热器优先级高于 H1 容积式换热器。立式承压水箱作为供热水箱，为达到太阳能高效合理的利用，水箱之间设置换热循环，当集热水箱（D1、H1）温度高于供热水箱（D2、H2）时，自动启动换热循环将热量转移至供热水箱。供热水箱内置 36kW 辅助电加热，电加热安装在供热水箱上部，启动方式为定时温控。

太阳能系统供水方面设置限温措施，1 号水箱限温 80℃，2 号水箱限温 60℃。为保证太阳能集热系统的长久高效性，在集热循环管路上安装散热系统，当集热器温度达到90℃时自动开启风冷散热器散热，当集热器温度回落至 85℃时停止散热。

太阳能系统设置回水功能，配置管道循环泵，将用水管道内的低温水抽入集热水箱，保证热水供水管道内水温恒定，既保证了用水舒适度，也减少了水资源的浪费。

4. 太阳能光伏发电系统

申都大厦太阳能光伏发电系统总装机功率约 12.87kWp，太阳电池组件安装面积约 200 m^2。太阳电池组件安装在申都大厦屋面层顶部铝质直立锁边屋面之上。太阳电池组件向南倾斜，与水平面成 22° 倾角安装（图 1–24）。

图 1–24　太阳能光伏发电系统

光伏阵列每 2 串汇为 1 路，共 3 路，每路配置 1 只汇流箱，共配置 3 只汇流箱。每只汇流箱对应 1 台逆变器的直流输入。

3 台并网逆变器分别输出 AC220V、50 Hz、ABC 不同相位的单相交流电，共同组合为一路 380/220VAC 三相交流电，通过并网接入点柜并入低压电网。光伏系统所发电力全部为本地负载所消耗。

5. 能效监管系统平台

申都大厦建筑能效监管系统平台是以建筑内各耗能设施基本运行信息的状态为基础条件，对建筑物各类耗能相关的信息检测实施控制策略的能效监管综合管理，实现能源最优化经济适用。系统构造可分为管理应用层、信息汇聚层、现场信息采集层。

建筑能效监管系统平台的基础为电表分项计量系统、水表分水质计量系统、太阳能光伏光热等在线监测系统。电表分项计量系统共安装电表约200个，计量的分项原则为一级分类包括空调、动力、插座、照明、特殊用电和饮用热水器六类，二级分类包括VRF室内机、VRF室外机、新风空调箱、新风室外机、一般照明、应急照明、泛光照明、雨水回用、太阳能热水、电梯等，分区原则为每个楼层按照公共区域、工作区域进行分类，电表的类型主要包括5类，分别为多功能电力监控仪（带双向）用于计量太阳能光伏配电回路、多功能电力监控仪用于计量总进线柜回路、多功能数显表（带谐波）用于计量配电柜中的除应急照明的所有配电柜主回路、多功能数显表（不带谐波）用于应急照明配电柜、智能电表用于计量配电柜出来的分支回路；水表分水质计量系统共安装水表20个，主要分类包括生活给水、太阳能热水、中水补水、喷雾降温用水等。

能效监管系统平台主要包括八大模块，分别为主界面、绿色建筑、区域管理、能耗模型、节能分析、设备跟踪等（图1–25）。主界面主要功能可以显示整个大楼的用电、用水信息，此外还可以显示包括室外气象、太阳能光伏光热、雨水回用的实时概要信息；区域管理主要功能用于不同区域的用电信息管理，可以实时显示不同楼层、不同功能区的用电量、分析饼

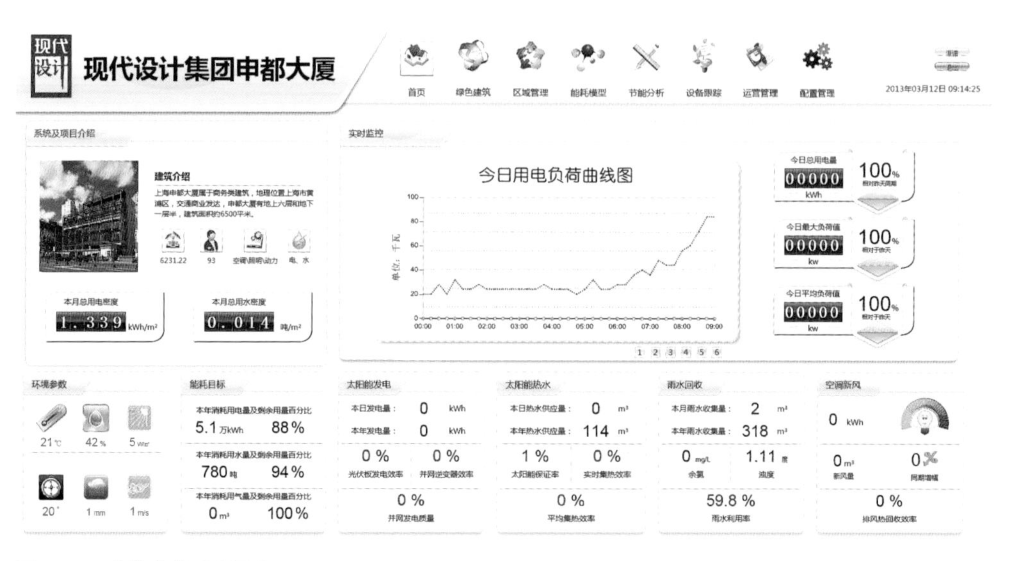

图 1–25　能效监管系统平台

图以利于不同楼层用电管理；能耗模型主要功能是在线监测包括太阳能热水、空调热回收等的运行参数，并进行能效管理；节能分析主要功能是制作能效报表以及能耗模型的节能分析报告，用于优化系统运行提供分析依据；设备跟踪主要用于不同监测设备的跟踪管理，用于分析记录仪表的实时状态。

1.4.3 节水与水资源利用

主要技术措施包括采取有效措施避免管网漏损，选用节水器具，绿化灌溉采取节水高效灌溉方式，采用雨水回用系统，按用途设置用水计量水表，设置在线水质监测装置等。同时也进行包括非传统水源利用率计算等技术分析工作。

1. 雨水回用系统

申都大厦雨水回用系统按照最大雨水处理量 25 m³/h 进行设计，收集屋面雨水，屋面雨水按不同高度的屋面划分区间设置汇水面积，设置重力式屋面雨水收集系统。屋面雨水经重力式屋面雨水收集系统收集后，注入总体雨水收水池（4.6×2.5×2.5）；该雨水回用处理以物化处理方法为主要工艺。雨水经过屋面雨水排水管网汇集到雨水收集井 1，经过过滤格栅进入雨水收集井 2。当雨水量超出雨水收水池承载后，可以通过渗透方式回补浅层地下水或直接溢流排放。当雨水量不够时，可以用浅层地下水或自来水补充。室外红线内场地、人行道等尽可能通过绿地和透水铺装地面等进行雨水的自然蓄渗回灌。

系统用提升水泵打入中水至自清洗过滤设备进行处理，处理后的清水经过氯消毒后进入中水水箱（1×2×1.5）。系统将雨水处理后主要用于室外道路冲洗、绿化微灌系统、水景、楼顶菜园浇灌，因此水质应当同时满足《城市污水再生利用 城市杂用水水质标准》GB/T 18920–2002 对道路清扫、城市绿化的要求和《城市污水再生利用 景观环境用水的再生水水质标准》GB/T 18921–2002 对水景类观赏类景观环境用水的水质要求（图 1–26）。

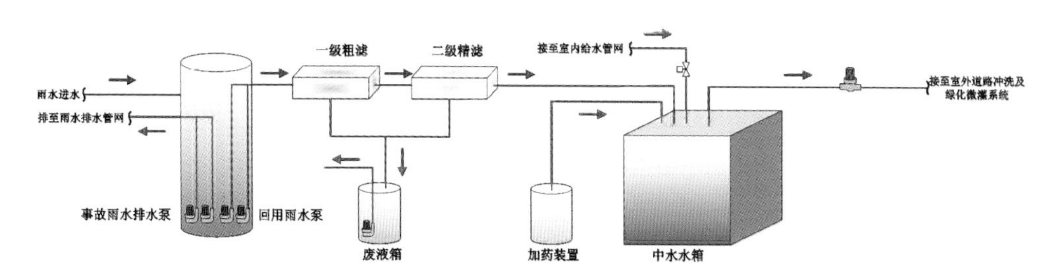

图 1–26　雨水回用系统原理图

系统安装了美国 HACH 电子水质监测仪，自动监测余氯含量、浊度 NTU，根据测量值与设定值的差异控制相应的设备。

2. 计量水表

按用途设置用水计量水表，共设置水表 17 块，将热水、雨水补水、消防用水、厨房用水、卫生间用水分别进行计量，可满足分项计量、雨水漏损、用水量分析的技术要求。

3. 节水灌溉

种植屋面、挂壁式模块绿化采用程控型绿化微灌、滴灌系统等高效节水灌溉技术（图 1–27）。

4. 节水器具

采用水嘴 32 个，坐便器 36 个，小便器 19 个，全部采用节水器具（图 1–28）。

1.4.4 节材与材料资源利用

主要技术措施包括现浇混凝土采用预拌混凝土，可再循环材料使用，土建与装修工程一体化设计施工，室内采用灵活隔断，采用资源消耗和环境影响小的建筑结构体系等。同时也进行包括可再循环材料利用率计算、结构加固优化计算、灵活隔断比例计算等技术分析工作。

图 1–27 节水灌溉

图 1–28 节水器具

1. 阻尼器消能减震加固措施

申都大厦改造前结构主要存在问题：第一次实际加固情况与图纸存在偏差，部分加固措施未做。大楼的二～四层原有钢筋混凝土框架结构的混凝土柱和梁端并没有按照改建图纸的要求进行加固。具体为：钢筋混凝土框架柱断面没有采取外包加大处理，框架梁端部没有粘贴钢板加固；结构多项指标和抗震措施不能满足现行规范要求；房屋平面不规则；部分柱轴压比超限；结构整体刚度不足，地震作用下水平位移超限；整体计算结果表明大楼的最大层间位移角不能满足现有规范的要求。大楼现在的四、五层混凝土框架结构层高较高，框架柱截面较小，同时五层钢框架结构楼层引起大楼竖向刚度突变；大楼的原有钢筋混凝土梁、柱、梁柱节点以及二层、五层、六层部分加层钢框架结构均需进行加固处理；部分楼板、梁挠度过大；地下室和底层框架柱的外包混凝土表面有蜂窝、孔洞等现象，且浇捣较为酥松，施工质量较为欠缺。

申都大厦工程属于既有建筑结构的二次改造加固，根据新的建筑功能，原结构不能满足现行规范的基本要求，需对结构进行加固。结构加固应遵从的原则为：满足安全要求（相关规范规定承载力、变形等基本要求）前提下，达到资源消耗和环境影响小，尽可能减少加固量。制定如下加固思路：首先对原结构进行现有功能下的竖向荷载计算，若不满足则进行第一阶段的竖向加固，采用增大截面方法；在满足竖向基本要求后再次进行水平抗震验算，若不满足，则进行第二阶段加固，可采用传统增大截面法或消能减震方法，其中消能减震方案又有软钢阻尼器和屈曲支撑两种供比较选择；第二阶段的加固满足之后，再根据前一阶段采用的加固方法确定需要进行局部构件和节点加固的范围，进行局部加固设计。

申都大厦的消能减震措施采用了软钢阻尼器的消能减震加固方案，阻尼器的个数为 12 组，主要布置在层间变形较大的两个混凝土楼层（三四层）。阻尼器参数为：弹性刚度 K=7.35×104kN/m；屈服力=143kN，屈服位移约 1.94mm。

阻尼器加固主要从两个方面减少传统加固工程量（图 1–29）：

（1）减少柱截面增大量，节约混凝土

图 1–29　阻尼器消能减震加固措施实景图

用量约 85m^3，相应配筋 6.6t；

（2）减少主要框架梁的加固工程量，减少总量约 4t。阻尼器加固较传统加固法节约混凝土约 85 m^3，折合每层增加净面积约 4.7 m^2。

2. 灵活隔断

改造后的项目包括地下一层至地上六层。地下一层主要功能空间包括车库、空调机房、雨水机房、水机房、信息机房、空调机房等辅助设备用房，地上一层主要功能空间包括大堂、餐厅、展厅、厨房以及监控室等辅助用房，地上二层至六层主要为办公空间以及空调机房等辅助空间，地上二层至六层的办公空间主要采用了大空间办公，并且采用了玻璃材料、石膏板隔断等灵活隔断方式，除五六层作了吊顶处理外，其他空间基本未作吊顶处理。可变换功能的室内空间采用灵活隔断的比例：95.88%（图 1–30）。

3. 可再循环材料

本次改造除原有结构加固之外，其他新增结构主要以钢结构为主，如屋顶太阳能光伏、光热支架、天窗、垂直绿化支撑结构、西侧钢楼梯、雨篷等。在内部装修上，一方面大量采用了大开间办公减少装修材料的使用，另一方面大量使用了可再循环材料作为灵活隔断，如玻璃隔断、石膏板隔断等形式。土建工程（包括结构加固工程、新增钢结构工程、门窗工程等）、装修工程中可循环材料总重量占建筑材料总重量的比例为 24.31%（图 1–31）。

4. 废旧材料再利用

整个施工过程成立了专门的绿色施工

图 1–30　玻璃材料、石膏板隔断等灵活隔断方式的实景图

图 1–31　新增各类结构

图 1–32　废旧材料再利用实景

小组，制定了拆除固体废弃物分类处理办法，按照设计要求所有墙体隔墙材料全部采用废旧砖块或再生轻质混凝土砌块（图 1–32）。

1.4.5 室内环境质量

采用主要技术措施包括防结露措施，自然通风及自然采光，建筑入口和主要活动空间设有无障碍设施，主要光照面采用外遮阳、隔声减振措施等。同时也进行包括自然通风模拟、自然采光模拟、遮阳模拟、结露计算等技术分析工作。

1. 自然通风

申都大厦位于市区密集建筑中，与周围建筑间距较小，存在众多不利的自然条

图 1–33 中庭实景图

图 1–34 天窗实景图

件，但建筑设计从方案伊始即提出了多种利于自然通风的设计措施，如中庭设计、开窗设计、天窗设计、室外垂直遮阳倾斜角度等措施。

中庭设计：设置中庭，直通六层屋顶天窗，中庭总高度 29.4m，开洞面积为 $23m^2$，通风竖井高出屋面 1.8m，即高出屋面的高度与中庭开口面积当量直径比为 0.33（图 1–33）。

开窗设计：采取移动玻璃门等措施，增加东立面、南立面的可开启面积，因为上海地区的过渡季主导风向多为东南风向范围，增大两侧的开窗面积有利于风压通风效果。外窗可开启面积比例：39.35%。

天窗设计：天窗挑高设计，增加热压拔风，开窗位置朝北，处于负压区利于拔风，开窗面积为 $12m^2$，开启方式为上旋窗（图 1–34）。

室外垂直遮阳设计：东向遮阳板（为垂直绿化遮阳板）向外倾斜，倾斜角度为 30°，起到导风作用。

2. 自然采光

改造既有建筑门窗洞口形式：既有建筑窗口为传统外墙开窗形式，本次绿色改造一改传统开窗形式，在建筑主要功能空间外侧开启落地窗，而仅仅在建筑的机房、卫生间以及既有建筑北侧设置传统门窗。改造后的建筑结合改造功能定位，恰当地将室外光线引入室内，调节建筑室内主要空间的采光强度，减少室内人工照明灯具的设置需求。

增设建筑穿层大堂空间与界面可开启空间：既有建筑改造过程中，建筑首层与二层层高相对较低，建筑主要出入口为建筑的东偏北侧，建筑室内空间进深较大，直射光线无法影响至进深深处，同时在建筑主入口处无法形成宽敞的建筑入口厅堂空间。因此，在改造设计中，将建筑首层局部顶板取消，形成上下穿层空间，既解决了首层开敞厅堂空间的需求，同时，也通过同层的主入口空间的外部开启窗，很好地将自然光线引入局部室内，较好地改善东北部区域的内部功能空间的室内自然采光现状。建筑东南角结合室内休闲展示功能空间，采用中轴旋转落地窗，拓展既有建筑的开窗面积与开启形式，很好地解决建筑东南局部室内自然光线的引入。

增设建筑边庭空间：既有建筑平面呈“L”形，建筑整体开间与进深较大，因此，建筑由二层至六层空间开始，在建筑南侧设置边庭空间，边庭逐层扩大，上下贯通，形成良好的半室外空间，不但在建筑南侧形成必要的视线过渡空间，同时也缩减了建筑进深大而引起的直射光线的照射深度的不利影响（图 1–35）。

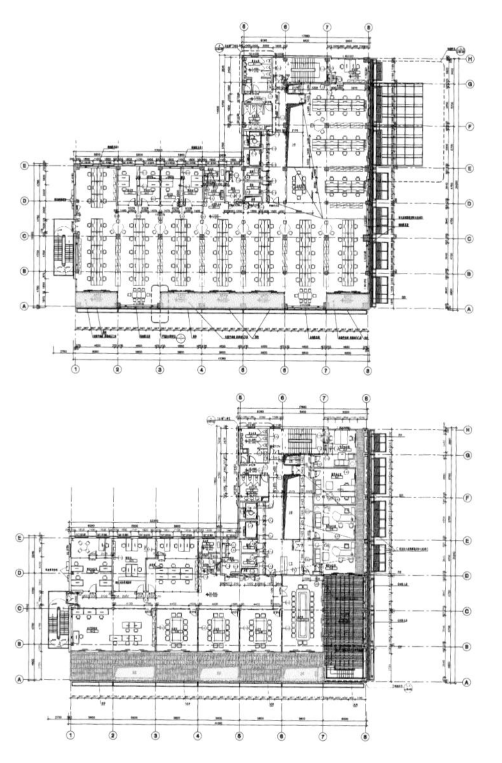

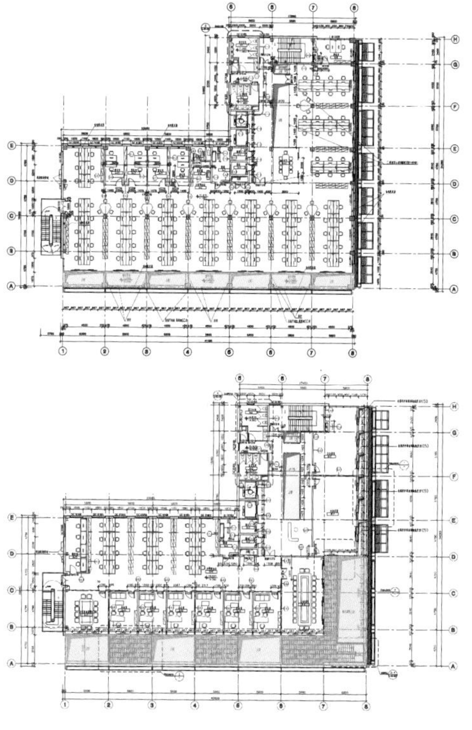

图 1–35 三、四、五、六层建筑边庭空间平面图

增设建筑中庭空间：既有建筑从三层空间开始，在电梯厅前部增设上下贯通的中庭空间，并结合室内功能的交通联系，恰当地将建筑增设中庭空间一分为二，在保证最大限度使用功能需求的同时，增设自然光线与通风引入性设计来改善建筑深度部位的室内物理环境。

增设建筑顶部下沉庭院空间：建筑五、

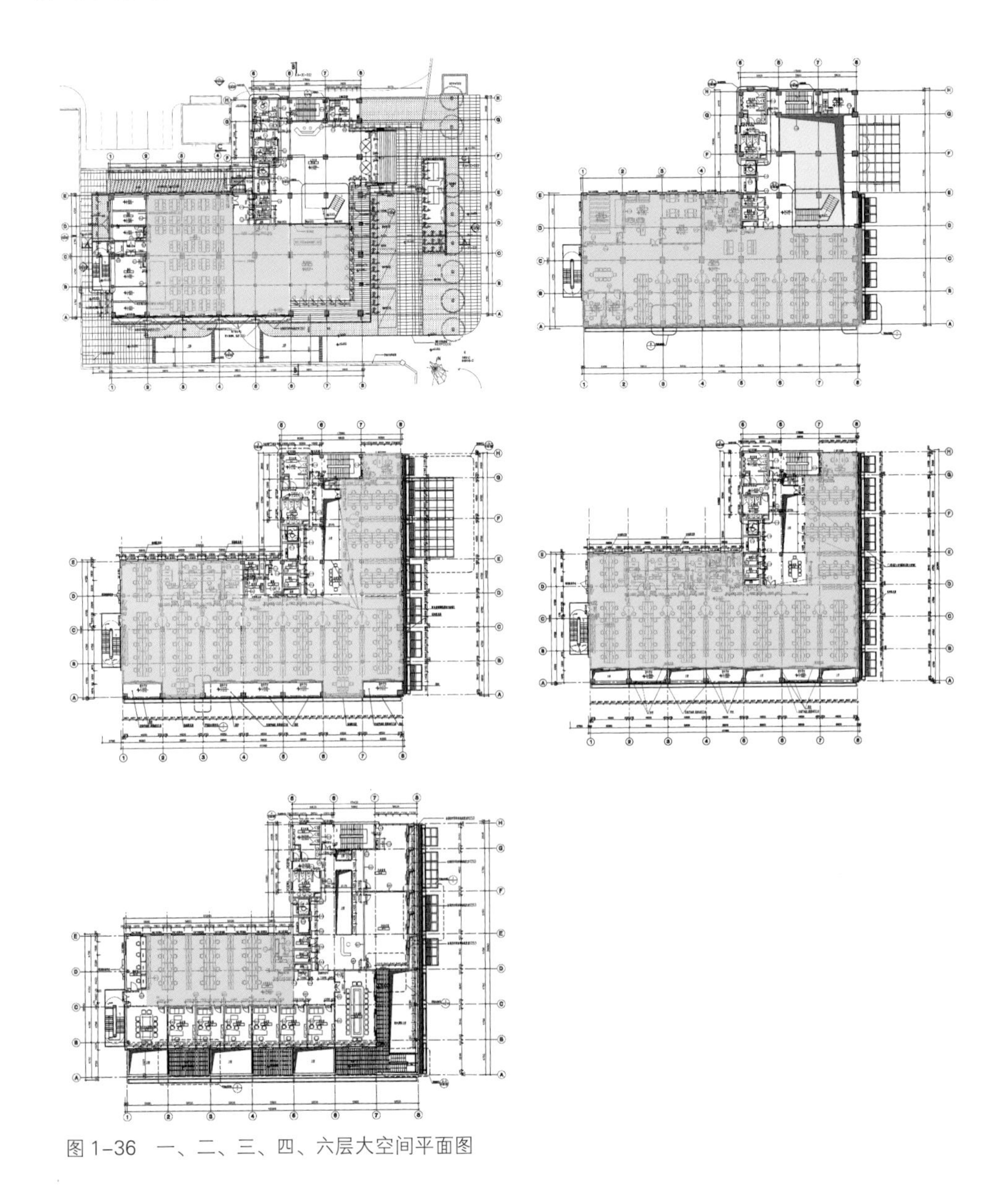

图 1-36 一、二、三、四、六层大空间平面图

六两层东南角内退形成下沉式空中庭院空间，庭院空间同样以缩减建筑进深与开间的方式，有效地将自然光线引入室内，增强室内有效空间的自然采光效果，同时，也增加了既有建筑的空间情趣感。

调整建筑实体分隔为开敞式大空间布局：既有建筑六层空间，除五层为独立办公空间外，建筑室内空间均采用大空间无实体分隔的形式进行改造设置，建筑内部空间通透性加强，原有单项采光形式转变为双向通透开窗引光形式，大大增加了建筑室内空间的采光标准（图 1–36）。

2. 施工那点事

项目以绿色施工为目标制定了绿色施工专项方案，成立了专门的绿色施工小组，负责绿色技术的招标、技术深化、绿色施工、记录跟踪的协调和组织工作，两周一次例会制度，施工过程对于绿色技术的落实进行了包括经济性、招标流程、过程管理、技术深化等方面的控制（图 2–1、图 2–2，表 2–1）。

工作小组成员及职责　表 2–1

序号	单位	职责
1	置业公司	总体协调
2	技术中心	协助业主监督、协调、推进并就主要绿色技术、绿色施工进行技术支持
3	华东院	设计标识申报及相关技术分析工作
4	现代建设	技术招标、绿色施工
5	现代咨询	工程监理

2.1 绿色技术招标流程图

项目进入施工图深化和技术招标阶段之前，确定了绿色技术招标的技术范围和专项流程，创新性地发挥了绿色技术总监在技术评审的作用，保证了招标的绿色技术实施单位能够按照设计目标进行落实（图 2–3，表 2–2）。

"中都大厦项目例会"会议纪要——001
2011年3月4日星期五

"中都大厦项目例会"会议纪要——002
2011年3月11日星期五

"中都大厦项目例会"会议纪要——003
2011年3月25日星期五

"中都大厦项目例会"会议纪要——004
2011年4月1日星期五

"中都大厦项目例会"会议纪要——005
2011年4月8日星期五

"中都大厦项目例会"会议纪要——007
2011年4月22日星期五

图 2–2　绿色施工专项小组例会会议纪要

图 2–1　绿色施工专项小组例会

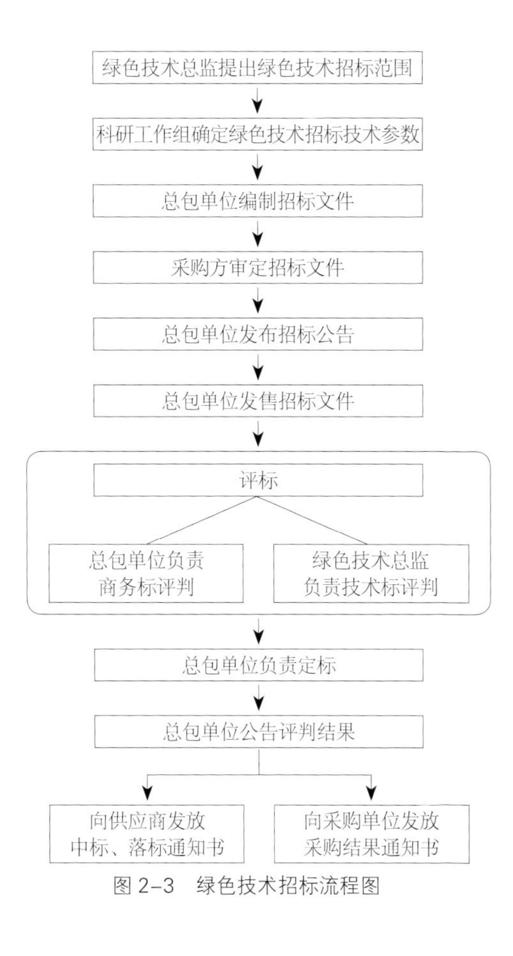

图 2-3　绿色技术招标流程图

申都大厦项目绿色技术招标的范围

表 2-2

1	雨水回用系统
2	太阳能热水系统
3	太阳能光伏发电系统
4	空气全热回收系统
5	能效管理系统
6	阻尼器
7	垂直绿化及滴灌

2.2 改善了传统的技术深化流程

项目采用了能效管理系统，在深化设计阶段，由于涉及部门较多，工程实施单位协调难度极大，主要问题是各方职责的明确和相互关系，强电深化设计师与施工方的联系不畅导致施工方误认为施工图设计院为强电深化设计师从而导致信息短路。最终在与各方详细的沟通后发现问题所在，进行了及时的协调，明确了各方的责任和工作流程，极大地缩短了配电柜的深化设计周期（图 2-4）。

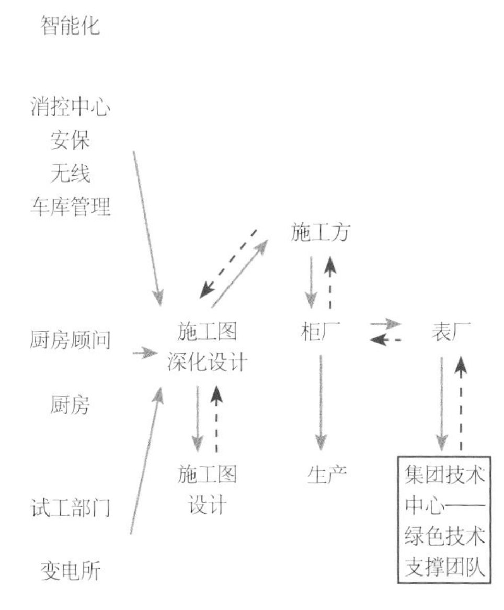

图 2-4　绿色改造中分项计量配电箱的落实流程

2.3 将环境保护计划书、施工废弃物管理规定纳入施工管理文件

根据绿色施工的技术要求制定了环境保护计划书、施工废弃物管理规定，纳入施工组织设计文件，并进行跟踪管理（图2–5）。

2.4 跟踪记录主要技术的实施过程

每周现场记录建筑的改造进度，保留了大量的珍贵过程资料（图2–6、图2–7）。

使用节能灯具

可循环材料堆放点

垃圾运输车辆的扬尘控制

密目安全网防声、光污染

可再利用材料的直接再利用

图2–5 绿色施工的跟踪

图2–6 立面垂直绿化改造的实施实景图

图 2–7　屋顶绿化改造的实施实景图

3. 绿色运维

3.1 荣誉来袭和新的使命

申都大厦于2012年11月获得住建部绿色建筑三星级设计标识之后，受到现代建筑设计集团内外的广泛关注，陆续获得了2012年度上海市立体绿化示范项目、2013年度上海市优秀工程设计一等奖、2013年第五届上海市建筑学会建筑创作奖优秀奖、2013年度黄浦区建筑节能示范项目等荣誉。

2013年1月，集团下达要求，着手以绿色建筑三星级运行标识为目标的申都大厦绿色建筑的运营维护管理工作。希望以申都大厦绿色建筑三星级设计标识的技术要求（节水、节能、室内环境等）为目标，分析设计资料，构建绿色建筑管理组织与管理机制，通过智能化、信息化、检测技术手段和基于BIM技术的数据管理平台，对申都大厦的能耗、水耗、使用习惯、室内外环境特点（声、光、热）、雨水、太阳能、空调等系统作全面的研究，并基于此特征，制定有效使用机电生态系统的管理标准、量化目标、财务目标，并最终形成可以指导设计和运营的技术手册。

3.2 成立绿色运维组织

传统的物业管理是由物业所有者委托专业的物业管理公司进行独立运行管理。

项目以绿色运营为实施目标，构建新型的物业管理架（图3–1）。

2013年2月21日“申都大厦绿色建筑

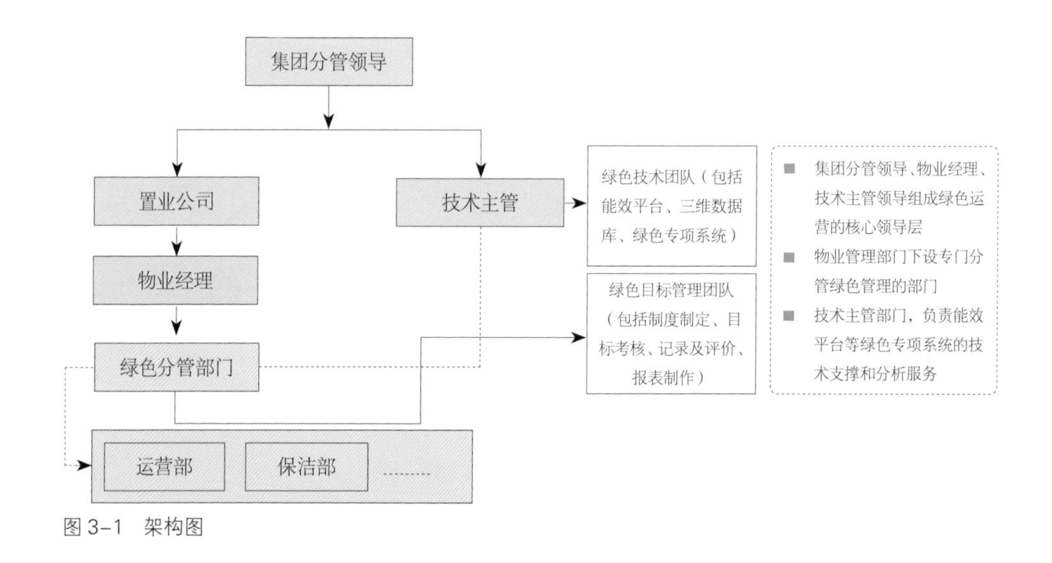

图3–1 架构图

的运营维护管理研究启动会”在现代设计大厦召开，标志申都大厦绿色建筑的运营管理团队正式成立，申都大厦绿色建筑的运营管理团队由物业所有者（上海现代建筑设计集团）领导牵头，由置业公司、物业公司、技术中心、信息中心组成（图 3-2）。

集团分管领导、置业公司领导、物业经理、技术主管（技术中心和信息中心）领导组成绿色运营的核心领导层。

置业公司依据核心领导的决策和目标，与物业公司签订绿色目标合同，形成法律约束关系。

物业管理公司下设专门的分管绿色建筑的部门，由物业公司为主，负责与技术部门和物业经理对接，协调其运营部、工程部、保洁部等部门对建筑实施绿色目标管理，包括制度制定、目标考核、记录及评价、报表制作、运行维护等工作。

技术主管部门，负责能效平台等绿色专项系统的技术支撑、资料整理和分析等服务工作。

各公司或部门的具体职责如表 3-1。

成员及职责　　表 3-1

序号	单位	职责
1	集团分管领导	总体协调
2	置业公司	绿色目标合同制定，对物业公司进行约束
3	技术中心	运行能耗分析、主要环境和系统运行参数监测和检测、绿色建筑运营标识资料整理和申报
4	信息中心	建立 BIM 竣工模型，实现 FM 应用（即物业管理的电子化管理）
5	物业公司	协调其运营部、工程部、保洁部等部门对建筑实施绿色目标管理，包括制度制定、目标考核、记录及评价、报表制作、运行维护等工作

图 3-2　中都大厦绿色建筑的运营维护管理研究启动会现场

3.3 自我完善

3.3.1 什么是绿色物业

申都大厦绿色建筑的运营管理团队成立之后，梳理了绿色物业管理的重点。

物业管理属于第三产业，是一种服务性行业，其内容主要包括经营、管理和服务三个方面。物业管理面对的业主层面较多，各种需求在日常生活中不断产生，从而需要物业服务企业提供新的服务内容和相应的服务方式，所以绿色物业管理是对于物业服务内容新的需求。

常规物业管理包括公共服务内容和特色服务内容。特色服务是指物业服务企业为了创收而产生的扩大服务内容，如物业中介、物业租售代理、家电维修、便民服务等，公共服务内容是我们常提到的物业服务内容，包括房屋公用部位的维护与管理，房屋共用设施设备及其运行的维护和管理，环境卫生、清洁、绿化管理服务，公共秩序、消防、交通灯协助管理服务，物业装饰装修管理服务，专项维修资金的代管服务，物业档案资料的管理以及代收代缴收费服务。

绿色物业管理是在传统物业管理公共服务内容的基础上衍生升级。主要表现出以下几个特征：

1. 新增绿色服务内容

由《绿色建筑评价标准》GB 50378-2006 可知，雨水回用系统、太阳能热水系统、太阳能光伏发电系统、分项计量系统、垂直绿化、屋顶绿化系统等系统或设备都是绿色建筑新增的机电系统或建筑设施，是原有房屋共用设施设备及其运行的维护和管理、环境卫生、清洁、绿化管理服务需要新增的服务内容。

2. 从安全功能管理向高效管理升级

传统的设施设备管理主要从安全运行、功能运行保障出发，一般物业都会对供配电系统、给排水系统、空调动力系统制定相应运营维护操作规程，包括负责部门、日常巡检的内容和周期、定期保养的内容和周期以及维护保养计划表等。其目的主要出于安全目的和质量目的考虑，即系统能够正常运行，系统能够满足使用者的要求。

绿色建筑则不同，不仅要保证系统安全可靠的正常运行，还要高效、舒适，能够适应环境的变化，如空调新风系统运行与室外环境、室内二氧化碳的关系，空调系统运行与室内外温湿度的关系，雨水系统运行与集水量、降雨量的关系等。

3. 利用信息化手段提高物业管理水平

传统的物业管理大都通过纸质文件记录设备的破损、更换，依据竣工图纸进行设备、设施的维护管理和处理，而绿色运营管理则需要提高物业管理的效率，尽量借助BIM技术、BA技术、能源管理信息技术替代常规手段，这样物业管理企业不会因为增加了物业服务内容而手忙脚乱，反而会提高物业管理服务水平，降低物业成本。

3.3.2 能效监管系统平台的自我更新

申都大厦建筑能效监管系统平台是以建筑内各耗能设施基本运行信息的状态为基础条件，对建筑物各类耗能相关的信息检测和实施控制策略的能效监管综合管理，实现能源最优化经济适用。系统构造可分为管理应用层、信息汇聚层、现场信息采集层（图3–3）。

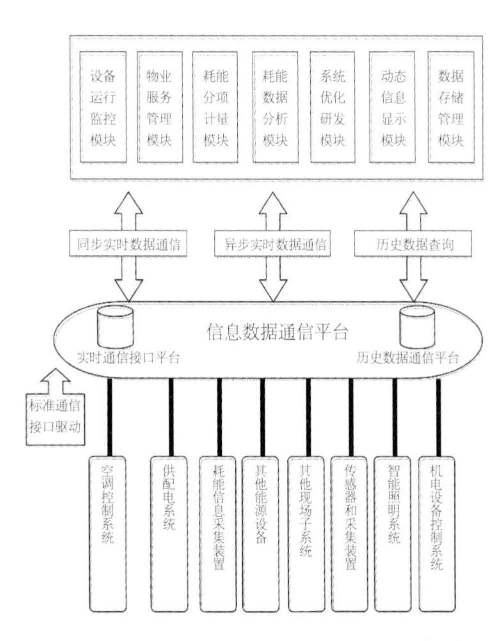

图3–3 系统构造图

1. 系统分类

依据“国家机关办公建筑和大型公共建筑能耗监测系统分项能耗数据采集技术导则”和办公建筑的特点，按照能源类型分为水、电、燃气一级分类。

（1）电量

分类能耗中，电量应分为6个分项，包括照明用电、插座用电、空调用电、动力用电、饮用热水用电和特殊用电六类（表3–2）。

1）照明用电

照明用电包括一般照明、应急照明和泛光照明三个子项。

2）插座用电

插座用电指所有插座用电设备电能消耗的总称，主要指办公设备的用电。

3）空调用电

空调用电包括新风系统室内机、室外机、VRF空调系统室内机、室外机、通风机和分体式机组6个子项。

4）动力用电

动力用电包括雨水系统、太阳能热水系统、给排水系统3个子项。

5）饮用热水用电

饮用热水用电专指饮水机或饮用水加热器所消耗的用电。

6）特殊用电

特殊用电包括弱电控制、智能控制、电梯、厨房用电、消防风机、消防水泵及其他特殊用电。

分项计量分类表　　表 3-2

一级	空调						照明			动力										插座	热水	特殊用电										汇总
										雨水回用				太阳能热水											厨房用电							
二级	新风机组	室内机	新风室外机组	热泵机组	通风机	分体机组	泛光照明	一般照明	应急照明	回用水泵	水处理设备	加药消毒装置	排水泵	热水循环泵（高）	热水循环泵（低）	电辅助加热（低）	电辅助加热（高）	排水泵	生活给水泵			消防泵	电梯	消防风机	厨房排风1	厨房排风2	厨房新风	厨房排油烟	厨房用电	弱电控制	智能控制	

（2）水量

生活用水一级子类能耗按用途不同区分为盥洗、厨房、雨水系统、空调、消防、太阳能热水六个子项（表 3-3）。

水表汇总表　　表 3-3

序号	设备名称	用途	位置
1	表 1	室外给水管网	B1 层给水机房
2	表 2	高区用水	B1 层给水机房
3	表 3	低区用水	B1 层车库
4	表 4	太阳能热水高区补水	一层太阳能机房
5	表 5	三～六层空调加湿机	三层暖通井
6	表 6	三～五层茶水间	三层暖通井
7	表 7	高区卫生间给水	三层暖通井
8	表 8	一层厨房用水	B1 层车库
9	表 9	二层茶水间用水	B1 层车库
10	表 10	太阳能热水低区补水	一层太阳能机房

续表

序号	设备名称	用途	位置
11	表 11	低区卫生间给水	B1 层车库
12	表 12	雨水回收系统补水	B1 层雨水机房
13	表 13	道路冲洗水景补水	B1 层雨水机房
14	表 14	楼顶菜园灌溉给水	B1 层雨水机房
15	表 15	垂直绿化给水	B1 层雨水机房
16	表 16	高区卫生间给水	B1 层消防泵房
17	表 17	低区卫生间给水	B1 层消防泵房

2. 区域分区

区域分区根据物业管理的需要细分为公共区域和工作区域，公共区域包括机电用房、大厅、走廊、电梯间、餐厅、厨房等，工作区按楼层进行分区，根据业主需要将楼层进一步细分。工作区域细分时，将空调新风机组、空调室外机划分至不同区域。

用水计量，一般位于公共区域，因此不按照分区计量，只要满足分质计量。

3. 计量仪表的选择

计量仪表主要包括电表、水表、温湿度传感器、压力传感器、风量风速传感器、二氧化碳传感器、室外环境参数传感器等。

计量仪表的精度、量程和计量周期均满足上海市《公共建筑用能监测系统工程技术规范》DGJ 08-2068-2012 的相关规定。

计量仪表具备至少满足 RS485 接口的通信协议的要求。

电表的选择主要决定于用电负荷的大小、计量设备和精度要求。本项目电表的类型主要包括 5 类，分别为多功能电力监控仪（带双向）用于计量太阳能光伏配电回路、多功能电力监控仪用于计量总进线柜回路、多功能数显表（带谐波）用于计量配电柜中的除应急照明的所有配电柜主回路、多功能数显表（不带谐波）用于应急照明配电柜、智能电表用于计量配电柜出来的分支回路，配电柜出来的分支回路，主要指插座和照明部分（表 3-4）。

各类电表的选择情况 表 3-4

电表类型	功能特性	性能指标	数量
多功能电力监控仪（带双向）	● 可测量三相相 / 线电压及不平衡率、三相电流及不平衡率、零序电流、三相有功 / 无功 / 视在 / 功率因数、总有功 / 无功 / 视在 / 功率因数、频率等三十余项基本电参量，提供双向四象限电度统计 ● 支持高达 31 次谐波计算、总谐波分量计算、电流 K 系数计算 ● 50 条事件记录，时间分辨率达到 1ms ● 有功电度 0.5 级 ● 一路 RS485 通信接口， MODBUS 协议 ● 复费率电度统计、需量统计	● 执行标准：DLT 721-2000、IEC 61000-4 精度等级：电压、电流 0.2，功率 0.5，有功电度 1 ● 过载能力：电压、电流 1.2 倍 / 连续，电流 10 倍 /1s ● 谐波分析：电压电流全 31 次分量，总谐波分量，*K* 系数	1
多功能电力监控仪	● 可测量三相相 / 线电压及不平衡率、三相电流及不平衡率、零序电流、三相有功 / 无功 / 视在 / 功率因数、总有功 / 无功 / 视在 / 功率因数、频率等三十余项基本电参量 ● 支持高达 31 次谐波计算、总谐波分量计算、电流 K 系数计算 ● 50 条事件记录，时间分辨率达到 1ms ● 有功电度 0.5 级 ● 一路 RS485 通信接口， MODBUS 协议 ● 复费率电度统计、需量统计	● 执行标准：DLT 721-2000、IEC 61000-4 精度等级：电压、电流 0.2，功率 0.5，有功电度 1 ● 过载能力：电压、电流 1.2 倍 / 连续，电流 10 倍 /1 秒 ● 谐波分析：电压电流全 31 次分量，总谐波分量，*K* 系数	1
多功能数显表（带谐波）	● 测量三相交流电流、相 / 线电压、有功功率、无功功率、功率因数和频率，计算有功电度和无功电度 ● 支持高达 3-19 次谐波的计算 ● 支持两路开关量输入 ● 支持两路继电器输出 ● 有功电度 0.5 级 ● 一路 RS485 通信接口， MODBUS 协议 ● 复费率电度统计、需量统计	● 执行标准：GB/T 22264-2008、GB/T 17215-2008 ● 精度等级：电压、电流 0.2，功率 0.5，电度 1 ● 过载能力：电压电流 1.2 倍 / 连续，电流 10 倍 /1 秒 ● 通信规约：RS485 端口 \ MODBUS 协议 ，9600bps	40
多功能数显表（不带谐波）	● 测量三相交流电流、相 / 线电压、有功功率、无功功率、功率因数和频率，计算有功电度和无功电度 ● 支持两路开关量输入 ● 支持两路继电器输出 ● 有功电度 0.5 级 ● 一路 RS485 通信接口， MODBUS 协议 ● 复费率电度统计、需量统计	● 执行标准：GB/T 22264-2008、GB/T 17215-2008 ● 精度等级：电压、电流 0.2，功率 0.5，电度 1 ● 过载能力：电压电流 1.2 倍 / 连续，电流 10 倍 /s ● 通信规约：RS485 端口 \ MODBUS 协议 ，9600bps	15
智能电表	● 有功电度 0.5 级 ● 一路 RS485 通信接口， MODBUS 协议 ● 复费率电度统计、需量统计	● 执行标准：GB/T17215-2008 和 IEC 62053：2003 ● 通信规约：RS485 端口 \ MODBUS 协议 ，9600bps	170

4. 监测系统的整合

项目能效监管系统还整合包括太阳能光伏发电系统、太阳能热水系统、雨水回用系统、空调热回收系统、室外环境监测系统等在线数据监测，主要关键参数包括太阳能光伏发电的交直流电流电压，太阳能热水系统的贮供热水箱温度、集热器温度，雨水回用系统的水浊度、余氯，空调热回收系统的进排风温湿度、风速、压力以及室外环境监测系统的温湿度、太阳辐射强度、降雨量、风速风向等，所有数据统一按照RS485接口的通信协议传输。

5. 能效监管系统

整合后的建筑能效监管系统，以电表分项计量系统、水表分水质计量系统、太阳能光伏光热等在线监测系统为基础。电表分项计量系统共安装电表约207个，计量的分项原则为一级分类包括空调、动力、插座、照明、特殊用电和饮用热水器六类，二级分类包括VRF室内机、VRF室外机、新风空调箱、新风室外机、一般照明、应急照明、泛光照明、雨水回用、太阳能热水、电梯等，分区原则为每个楼层按照公共区域、工作区域进行分类；水表分水质计量系统共安装水表17个，主要分类包括生活给水、太阳能热水、中水补水、喷雾降温用水等（图3-4）。

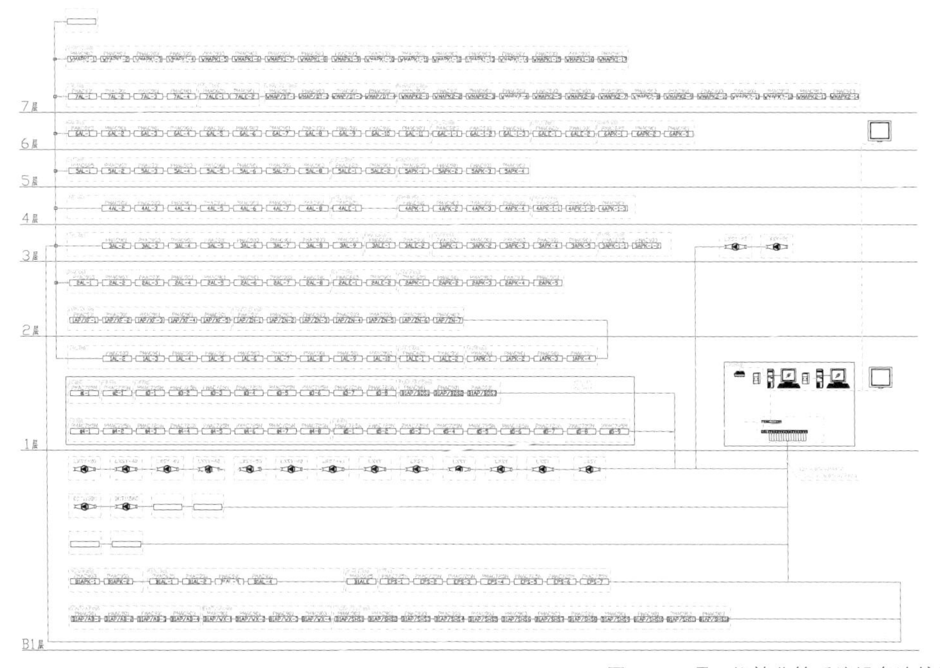

图3-4　项目能效监管系统设备连接图

6. 后台分析软件的构建及功能介绍

能效监管系统平台主要包括八大模块，分别为主界面、绿色建筑、区域管理、能耗模型、节能分析、设备跟踪等。

主界面主要用于显示项目基本信息，包括建筑、用电、用水、微气候环境、太阳能光伏发电、雨水回收等系统的性能指标，可以帮助使用者快速掌握建筑的能效状况（图 3–5）。

区域管理模块用于楼层分区用能管理和展示，可以帮助使用者和管理者快速掌握每个楼层办公区域和公共区域的用能实时状况，此外用能管理者也可以依此模块进行计费管理和节能优化管理。

如图 3–6，该模块功能窗口分区域列表和区域平面图。区域列中将建筑按楼层划分（楼层显示），每个楼层又分为公共区域和工作区（区域显示），分别统计各个区域的用能情况，同时还提供相应区域的属性形成参考与对比；平面图对应显示楼层或区域的详细信息，包括不同用能设备的用能百分比信息。

能耗模型模块用于系统管理和展示，可以帮助使用者和管理者快速掌握大楼主要绿色系统的系统原理和运行方式，实时掌握它们的用电、用水以及能效信息，此信息可以帮助管理者进行系统跟踪和调试优化运行。能耗模型可以显示关键指标的实时数据，支持系统历史数据查询。主要绿色系统包括配电系统、太阳能光热系统、太阳能光伏系统、空调 VRF 系统、给排水系统、雨水利用系统（图 3–7）。

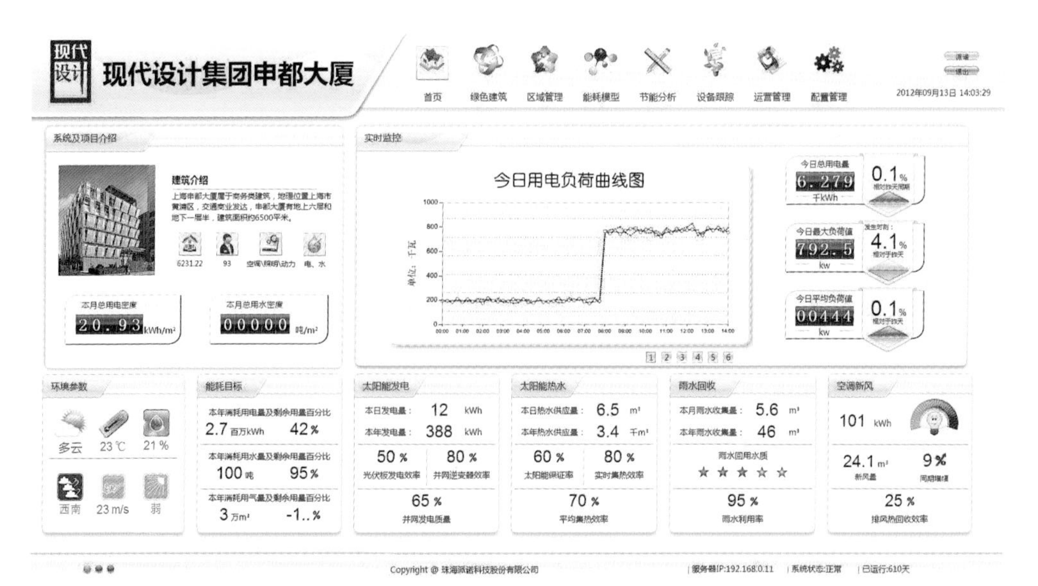

图 3–5 能效监管系统平台主界面

节能分析模块主要功能包括统计报表和系统分析两个功能，主要用于大楼管理者打印用能、用水以及绿色生态系统的分析报表，可以帮助使用者、管理者和研究者日后进行计量收费、系统调试、系统研究的初步数据分析资料。

节能分析模块提供多种分析方式，综合数据并给出客观结论，分析结果按三种

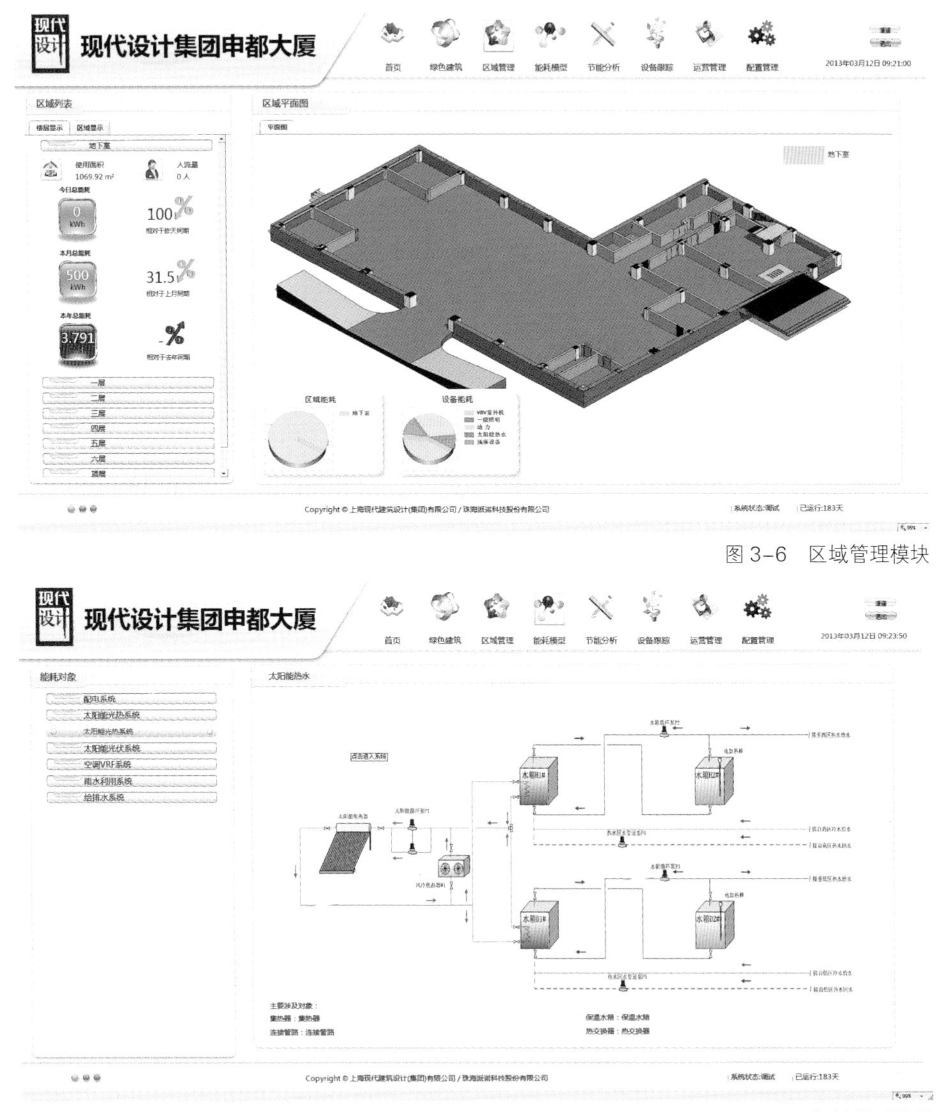

图 3-6　区域管理模块

图 3-7　能耗模型模块

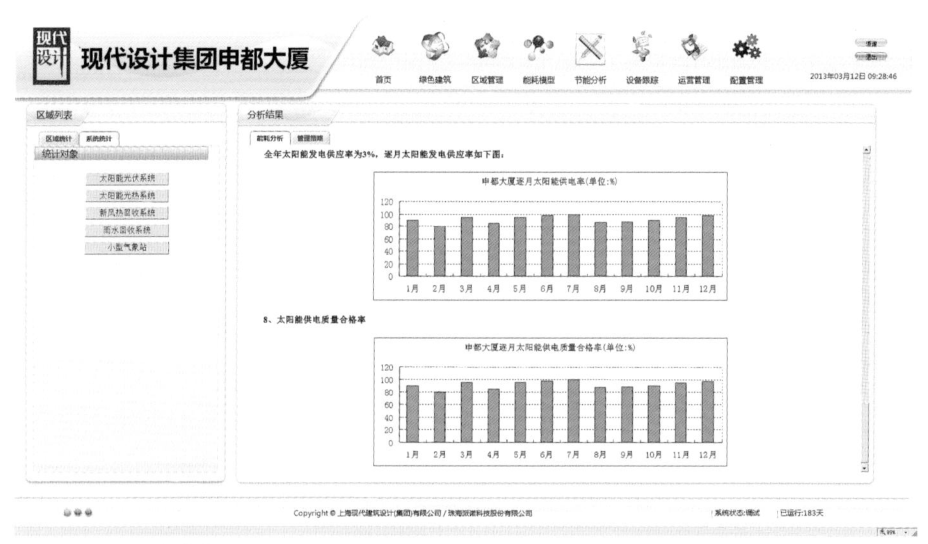

图 3-8　节能分析模块

方式展示：统计报表、能耗分析和系统分析报告（图 3-8）。

设备跟踪模块是对机电设备进行管理，建筑内的所有机电设备按区域及用途类型划分，用户在该模块可以轻松查看某区域内机电设备的运行状态和实时数据。功能窗口分设备列表和增幅前八名的设备列表。如图 3-9 所示，增幅前八名的设备列表窗口列出了暖通空调和照明插座类的机电设备名单及具体用能详情（图 3-9）。

运营管理模块主要用于管理人员进行实时维护保养和维修记录的记事和报警功能（图 3-10）。

系统在试运行阶段进行包括界面整洁、数据下载、数据显示等方面的完善，但使用一段时间之后仍然存在很多问题：

（1）计量仪表数据与电力局电表存在偏差

总表和变配电间的电表和存在偏差，变配电间的电表和与楼层电表数据总和存在偏差。

经查实，主要缘由有二：一是总表和变配电间的电表存在倍率设置错误的现象；二是楼层电表由于出现后增加的配电线路，有备用线路无电表的现象。

（2）监控主机易断网重启

监控主机实际运行过程经常重启，而重启后机器无法正常进入操作界面，导致数据无法正常传输至存储硬盘，造成数据经常不连续，无法进行分析。

（3）导出数据出现写入对应错误或缺项

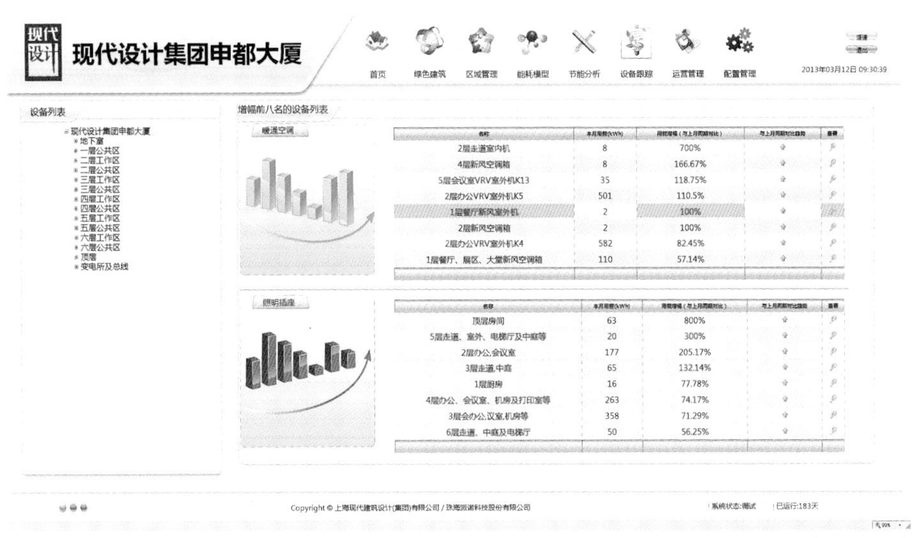

图 3-9　设备跟踪模块

图 3-10　运营管理模块

能效监管系统的软件平台并无数据导出功能，只能依靠开发人员编制固定程序定期导出数据，而实际导出数据经常会出现名称和数据对应错误、缺项、缺部分日期数据。

（4）水表、风速等参数上传精度不足

水表的上传精度（$1m^3$）不能满足逐时分析的需求，应该根据计量单位的需求合理规划不同计量水表的上传精度，如用水量较少的系统每次用水可能在 0.1 ~ 1m^3 之间，因此该类型用水的计量上传精度至少为 0.1m^3。

风速上传精度同样存在类似问题。风速在线精度达到 0.1m/s，而上传精度只有 1m/s，造成风速分析误差较大。

（5）消防用量水表偏差等严重

消防管道安装的为外夹式超声波流量计，所计量的数据存在很大偏差。

（6）给排水的水表配置不能满足部分功能

由于未安装进入雨水收集池的水表，无法预测降雨量和收集雨水量的关系；由于未安装雨水集水井至中水水箱的水表导致无法计算雨水回用系统的水量平衡。

（7）软件平台在数据存储一年后，出现界面刷新缓慢、操作响应无力等现象

（8）软件平台存在部分功能不完善的问题

• 人员数量信息不正确，包括首页和楼层部分。

• 楼层平面图信息与竣工图不一致。

• 无法获得上班 / 加班的能耗分析分项显示功能。

• 无法直接获得厨房、信息机房两个区域的用能信息。

• 无法获得逐日历史数据的显示。

• 无法获得非电水监测数据的逐月逐日逐时显示。

• 没有定期发布月 / 年度报告的功能。

• 没有报警短信息提醒功能。

• 没有显示操作的权限控制功能。

针对系统的部分问题，在实际操作过程中进行了改进，具体如表 3-5。

技术改进一览表　　表 3-5

序号	问题	改进措施
1	计量仪表数据与电力局电表存在偏差	核实倍率设置，找出未计量的线路，抽检部分电表的计量数据
2	监控主机易断网重启	增强日常的巡检记录
3	导出数据出现写入对应错误，或缺项	系统升级，增加数据导出功能并修正错误
4	水表、风速等参数上传精度不足	无法改进
5	消防用量水表偏差等严重	水表拆除
6	给排水的水表配置不能满足部分功能	增加水表
7	软件平台存在部分功能不完善的问题	升级系统

改进后的系统采用 B/S 软件架构，以 Windows 为操作平台，为用户提供友好的操作界面，满足用户新的能源管理需求。主要修改如下：

其中能耗概览、区域管理、历史回顾、实时监测、仪表查询、用能分析、能耗报表及报告可以作为物业管理日常管理使用，能耗相关性分析及专项分析、报警管理、人工输入、AI 变量查询及数据下载可以作

为研究人员数据研究和维护使用。

能耗概览操作界面如图 3–11，主要包括基本信息、逐时信息、能耗总览、用电用水总量控制以及用电用水分项占比几部分。其中能耗总览可以获得用水、用气、用电的本月、本年、本周的总量信息；用电用水总量控制用于设定全年用水量指标，可以实时得到剩余额度的大小；用电用水分项占比可以获得本日、本周、本月以及本年不同纬度的不同用电用水消耗占比情况，初步确定节水节电的重点；逐时信息可以逐时显示用电和用水信息，用于了解用电用水的实时信息，可以初步判断大楼用能是否正常。

区域管理界面包括楼层基本信息（人均用电量、单位面积用电量）、楼层平面图、用电分项占比图、总量信息以及楼层选择卡。楼层平面图主要将工作区与公共区进行了区分；楼层选择卡可以选择某一楼层或某一楼层的工作区或公共区，选择后其他信息将同时更新；总量信息包括本日、本月、本年的楼层总用电量，楼层用电只包括本楼层的空调、插座、照明三类用电；用电分项占比图可以显示工作区和公共区的占比以及三类用电的占比；基本信息包括人均用电量、单位面积用电量，各楼层可以横向对比，从对比中寻找节能潜力（图 3–12）。

历史回顾界面包括逐月分项用电、用水堆积图以及本年用电用水曲线。逐月分

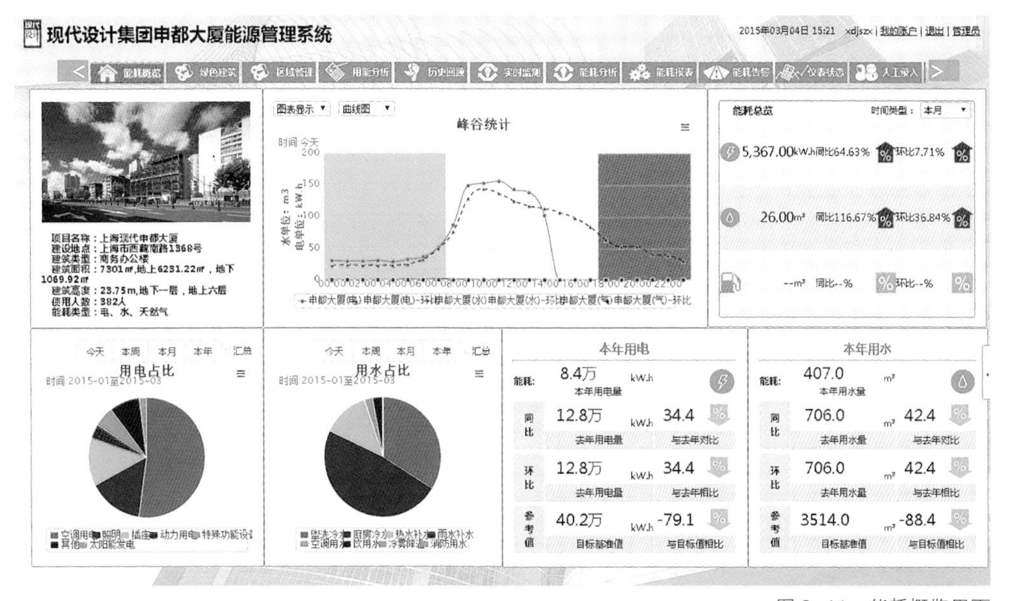

图 3–11　能耗概览界面

项用电、用水堆积图可以用于回顾历史各月的用电用水信息以及全年的变化规律；本年用电用水曲线可以回顾本年与历史年的对比情况，初步判断本年的节能措施实施效果（图 3-13）。

实时监测包括当年 15 分钟变化曲线、

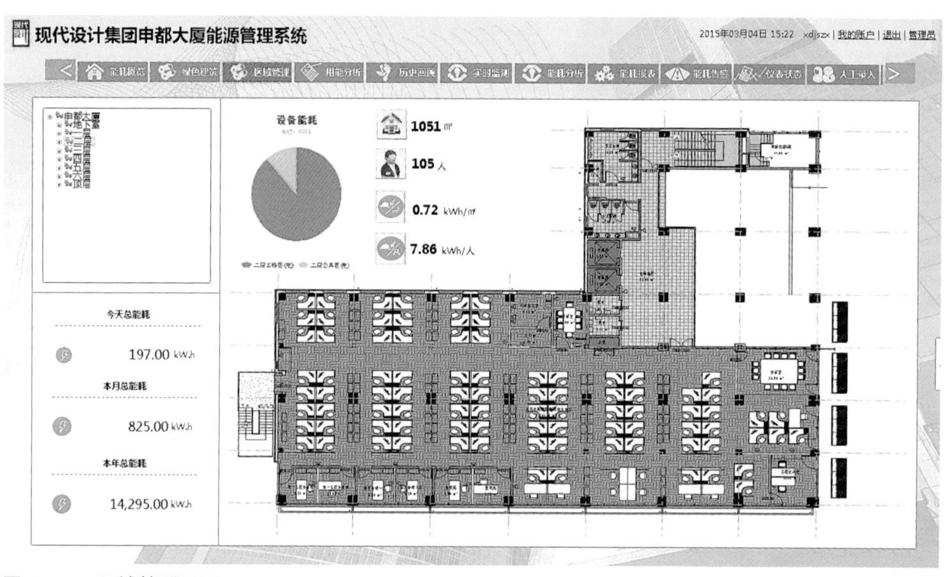

图 3-12 区域管理界面

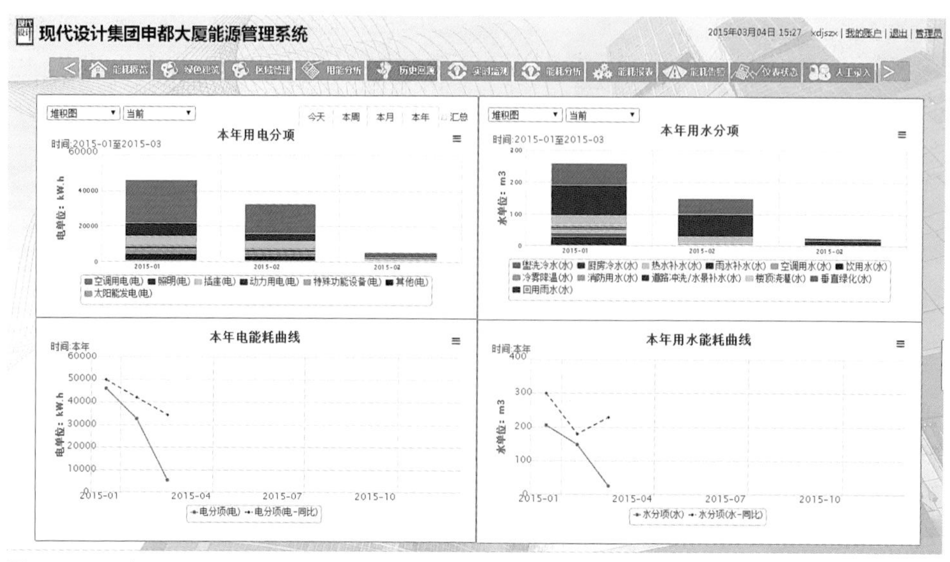

图 3-13 历史回顾界面

一周运行曲线用电用水模块。当年 15 分钟变化曲线较能耗概览中的逐时信息更加全面和精细；周运行曲线用电用水可以显示一周的变化曲线,当天气、使用变化不大时，一周曲线较为平稳，如果变化突变，可以作为系统出现异常的预警（图 3–14）。

能耗报表及报告主要包括分析报表和能耗报告两个部分，其中分析报表可以通过物理空间选择卡和模板选择，确定某时间段不同空间的能耗报表；能耗报告是供专业技术人员使用，专业人员可以根据每个月的运行情况，提供每年或每月的建筑整理运行报告，提出节能技术措施供运行人员参考（图 3–15）。

仪表查询主要包括选择卡、仪表显示表两个部分，选择卡可以从空间、表具类型不同方式快速查询表具；仪表显示表将把某一类别的表具全部显示，可以显示表具的现场数值以及运行状态（正常或不正常）（图 3–16）。

用能分析主要包括两类分析方法，一是用于能流分析，一是用于工作时间段分析；能流分析是利用能流图的方法从空间、电类别、水类别三个主要维度进行分析，以空间类别为例，主要包括能流图、排名和逐日曲线三个模块，能流图可以快速找到能量消耗的主要去向，通过点击某一子项，可以不断查询下去；排名可以获得选择子项中用能排名，清楚地找到能源消耗的主要去向；逐日曲线可以用于分析某一子项逐日变化规律，帮助初步判断其变化的合理性（图 3–17）。

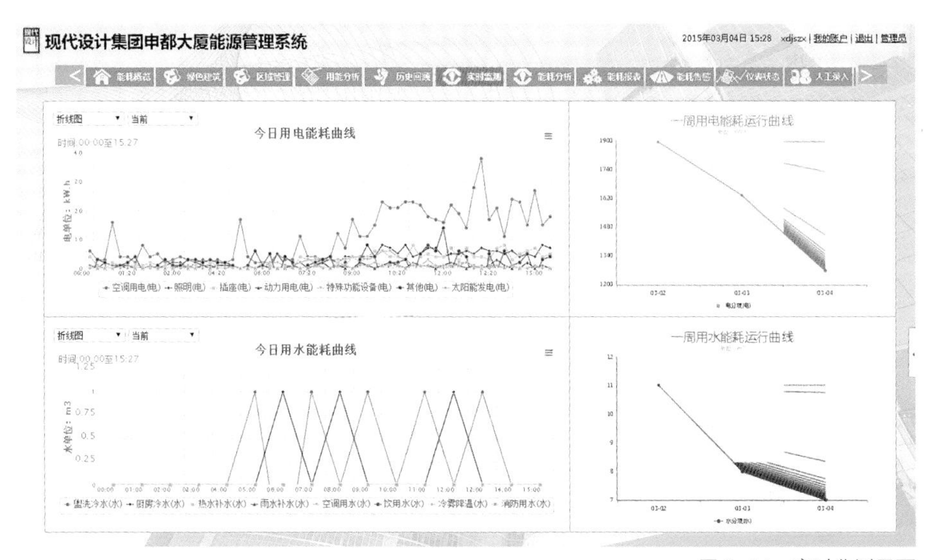

图 3–14　实时监测界面

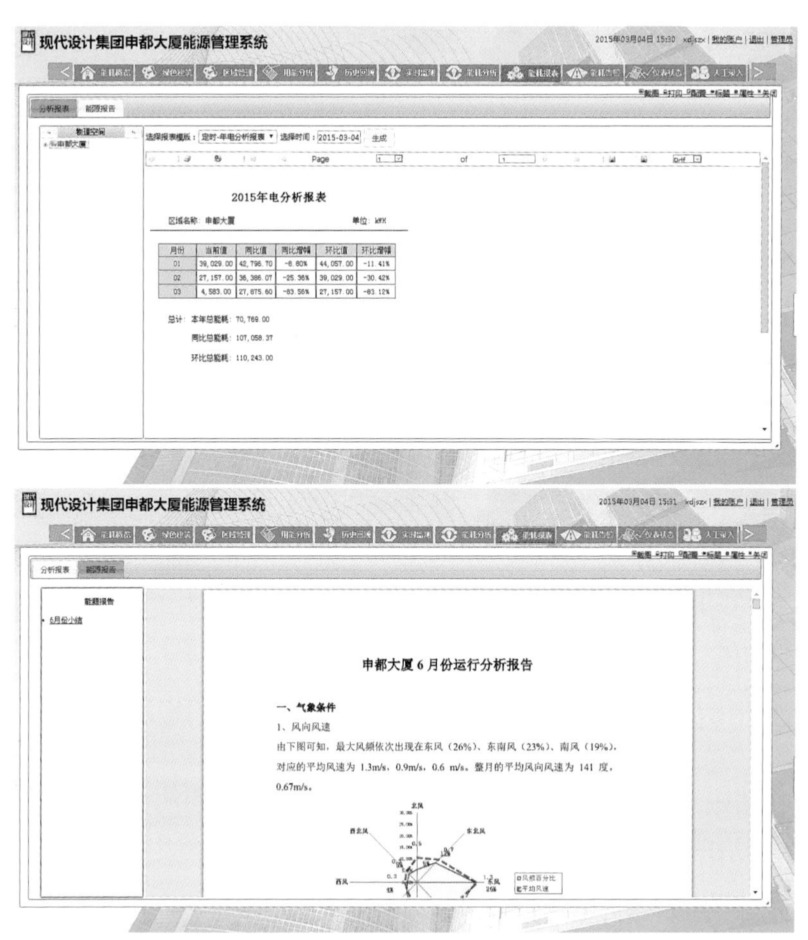

图 3-15　能耗报表及报告界面

图 3-16　仪表查询界面

图 3-17 用能分析 – 能流分析界面

用于工作时间段分析，主要目的用于统计工作时段的用电量信息与约束性指标对比，可以排除加班因素对于用电量规律的影响（图 3–18）。

能耗相关性分析及专项分析、报警管理、人工输入、AI 变量查询及数据下载对于运行人员使用频率较低（图 3–19）。

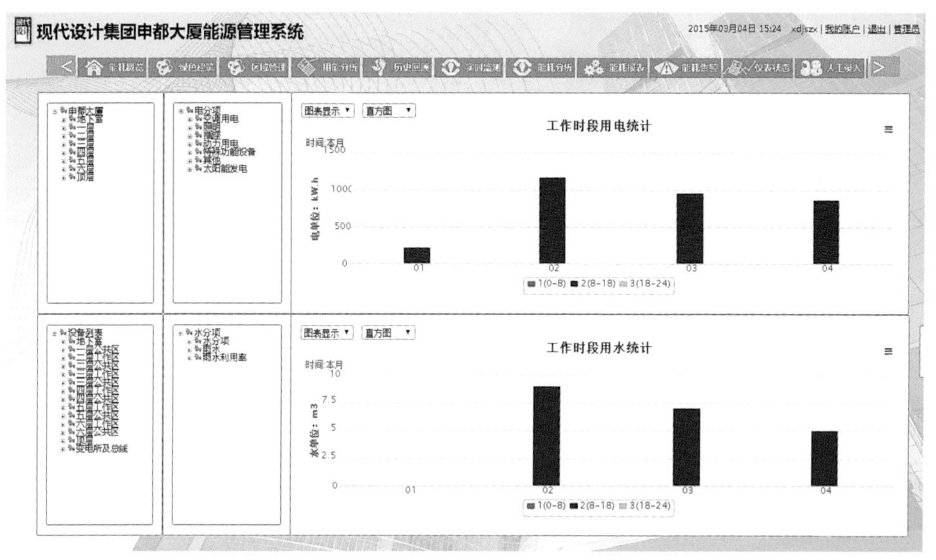

图 3–18 用能分析 – 工作时间段分析界面

名称	2015-02	平均值	最大值	最小值	总值
空调用电	1.66万	1.66万	16622.00(2015-02)	16622.00(2015-02)	1.66万
照明	4642.00	4642.00	4642.00(2015-02)	4642.00(2015-02)	4642.00
插座	4526.00	4526.00	4526.00(2015-02)	4526.00(2015-02)	4526.00
动力用电	1303.00	1303.00	1303.00(2015-02)	1303.00(2015-02)	1303.00
特殊功能设备	1981.00	1981.00	1981.00(2015-02)	1981.00(2015-02)	1981.00
其他	2750.00	2750.00	2750.00(2015-02)	2750.00(2015-02)	2750.00
太阳能发电	747.00	747.00	747.00(2015-02)	747.00(2015-02)	747.00
平均值	4653.00	--	--	--	--
最大值	1.66万	--	--	--	--
最小值	747.00	--	--	--	--

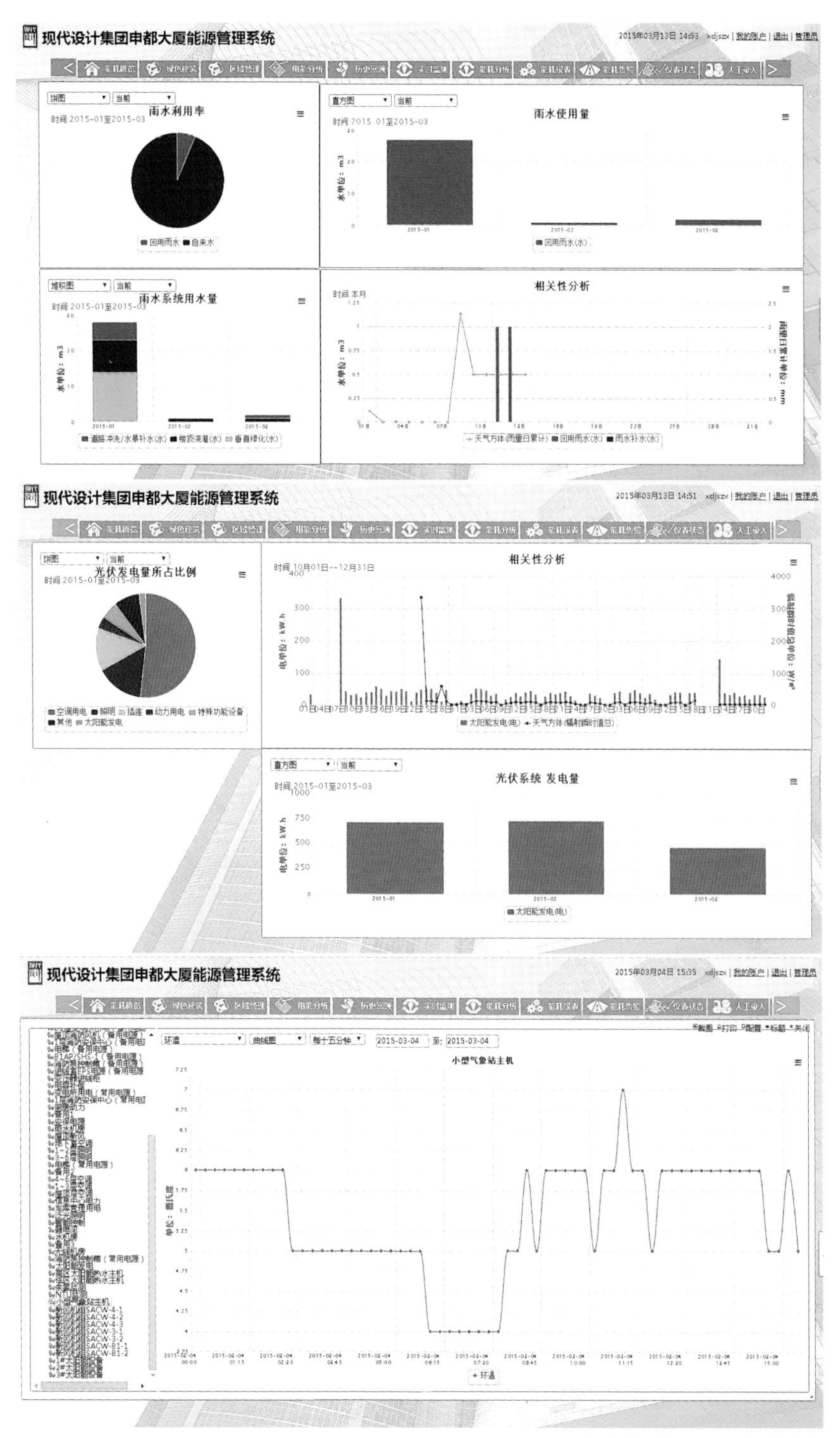
现代设计集团申都大厦能源管理系统
雨水利用率
雨水使用量
雨水系统用水量
相关性分析
现代设计集团申都大厦能源管理系统
光伏发电量所占比例
相关性分析
光伏系统 发电量
现代设计集团申都大厦能源管理系统
小型气象站主机

图 3-19　其他分析界面

3.4 高新技术的使用

3.4.1 BIM 技术在运营阶段运用

申都大厦项目在运营阶段，首次在绿色建筑中将BIM技术应用于FM运维实践，建立了申都大厦的BIM运维模型，制定了BIM与FM的数据交换规则，结合本地化的运维需求开发出运维管理门户平台，并获得相应的软件著作权。

1. 建立申都大厦 BIM 运维模型

申都大厦BIM建模的过程始终与ARCHIBUS保持协同和交互，以确保模型中包含的信息符合ARCHIBUS的管理需求。作为BIM模型与ARCHIBUS沟通的关键数据，模型中的每一个设备或家具都需要包含ARCHIBUS提供的唯一的编码（即设备编码，利用Revit族的Mark参数存放），同时还提供Revit共享参数Equipment Standard，存放ARCHIBUS的设备规格编码。申都大厦的BIM模型包括几何信息、对象名称、材料信息、系统信息、型号信息、时间版本等（图3–20）。

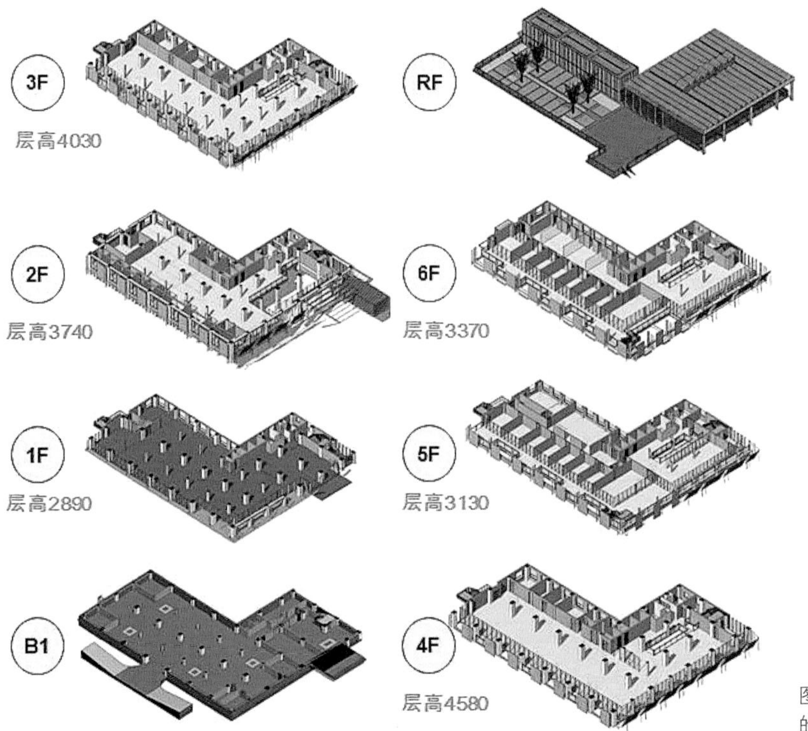

图 3–20 中都大厦的 BIM 运维模型

2.BIM 与 FM 的数据交换

BIM 模型与 FM 系统之间的数据交换从建筑设计阶段开始，到施工项目管理阶段乃至运维阶段一直持续进行，是一个长期的数据积累过程，最终交付给运维方的 BIM 模型应该包含建筑有效运行需要的各种数据，如：

• 空间的划分

• 部门、人员对空间的占用

• 各种设备、家具资产的分布

• 设备、家具的规格、品牌、型号、供应商、技术参数、使用说明等详细信息。

申都大厦在 FM 阶段的 BIM 数据传递可以具体落实到建模平台 Revit 和 FM 运维管理平台 ARCHIBUS 之间的数据传递。

两者之间可采用两种方式进行数据传递：

（1）通过 ARCHIBUS 的 Revit 插件进行双向数据同步。

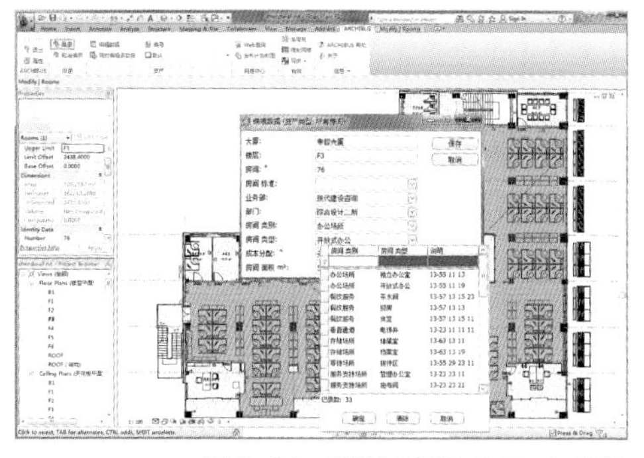

图 3–21 ARCHIBUS 的 Revit 插件

ARCHIBUS 为 Revit 提供了一个数据同步插件 ARCHIBUS Smart Client Extension for Revit，可以通过 Web 将 ARCHIBUS 的设施和基础设施数据与 Revit 模型集成（图 3–21）。

（2）通过 COBie 标准传递数据

在 Revit 中为 COBie 格式定义客户化的数据字段，并通过 COBie Tools 导出符合 COBie 标准的 Excel 文件，再利用 ARCHIBUS Connector 提供的 COBie 导入功能数据导入 ARCHIBUS 数据库。工作流程如图 3–22。

3. 开发运维管理门户平台，并获得相应的软件著作权

常用的运维软件，如 ARCHIBUS，对大多数普通员工而言，使用操作不方便，其报表也根据国外用户的需求设计，不完全符合中国用户的使用习惯。

申都运维管理平台集成了 ARCHIBUS 的主要功能模块，功能界面友好，能根据用户需求提供多种报表、图表的查询、展示，同时还可以与企业的其他信息系统（例如能耗监控系统、BA 系统、ERP 系统、协同办公系统等）集成。

平台主要功能如下：

• 为运维各类用户提供统一门户网站入口

• 提供文档管理（BIM 模型文件、维护

手册、规章制度）、通信录、公文流转等协同功能。

• 为普通员工提供自助保修、资源预订等功能。

• 集成 FM 软件平台的部分常用功能入口。

• 集成能效监管系统采集的数据，提供常用图表。

• 集成 FM 软件平台，实现基于 BIM 的空间、运维、资产管控。

• 集成能效监管系统运行情况，为 FM 平台和门户提供基础数据（图 3–23）。

（1）空间管理

企业不能仅依赖扩大工作场所来满足发展的需要，通过对现有空间进行规划分析，优化使用，可以大大提高工作场所利用率，建立空间使用标准和基准，透明的预算标准有利于建立和谐的内部关系，减少内部纷争。利用 ARCHIBUS 空间管理模块，可以实现企业在空间管理方面的各种分析及管理需求，更好地响应企业内各部门对于空间分配的请求及高效处理日常相关事务，准确计算空间相关成本，利用权威方法在企业内部执行成本分摊等内部

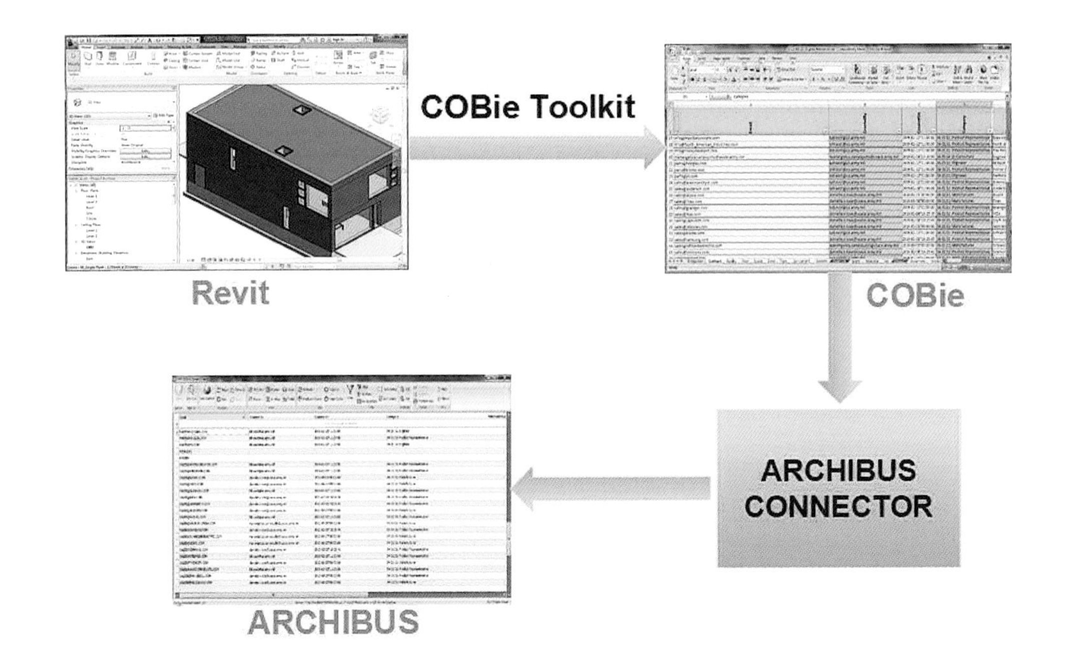

图 3–22 Revit 导出数据到 ARCHIBUS

核算，增强企业各部门控制非经营性成本的意识，提高企业收益。

申都大厦入驻的企业是拥有 20 多个部门的大型企业，由于部门众多，拥有成员人数不同，企业内部在如何分配各个部门的楼层空间、执行成本分摊、控制非经营性成本的问题上往往是笔糊涂账，不能做到精细化管理。

运维平台的空间管理模块满足了申都项目在空间管理方面的各种分析及管理需求。通过平台，能统计各个楼层当前的实际入驻部门及尚可供分配的楼层面积，并显示各部门在不同楼层上的分配情况，以便及时调整空间的分配关系，既确保不影响部门间的协作关系，又能使得空间利用率最高。

根据需求满足在空间管理方面的各种分析及管理需求，及时响应各部门对于空间分配的请求及高效处理日常相关事务，准确计算空间相关成本，在企业内部执行成本分摊等内部核算，增强控制非经营性成本的意识，提高收益。

主要功能如下：

提高空间利用效率

通过提高空间利用率，可降低每个单位面积使用成本，增加机构收益。将数据库和设计图纸整合在一起的智能系统可以方便跟踪大厦空间的使用情况，提供了收集和机构空间信息的灵活方法，轻松应对

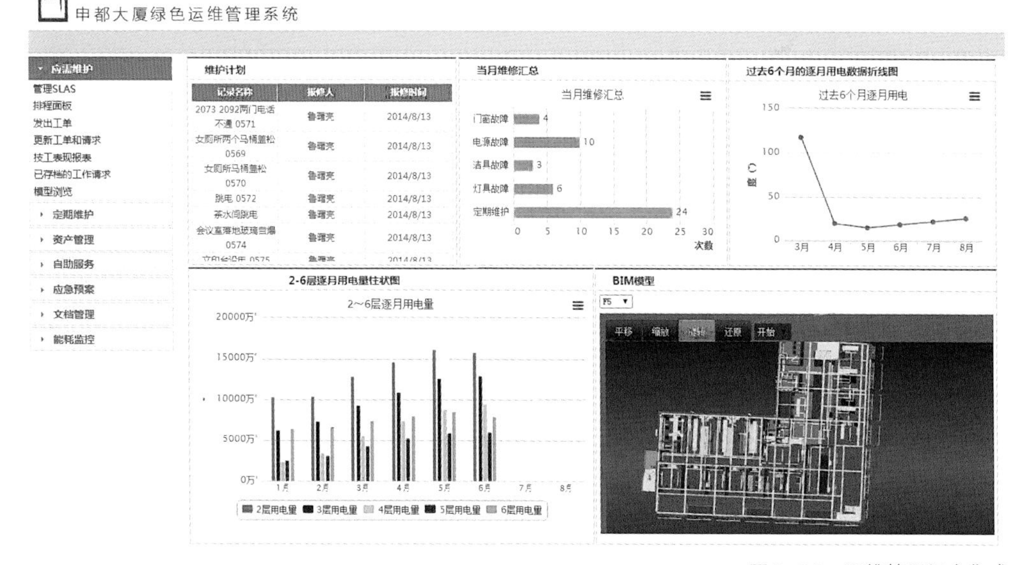

图 3-23　运维管理门户集成

各种报表的需求，根据实际需要、成本分摊比率、配套设施和座位容量等参考信息，使用预定公共空间或者临时工作，进一步优化空间使用。

维护空间规划需求

空间管理包括很多工具，这些工具能够更加直观地展现为何需要更多空间或再分配空间。基于人数、功能用途及后勤服务预测空间占用成本。基于特定的细节生成报表推动空间发展规划的制定。空间分配信息可导出 Microsoft Excel 和 Adobe Acrobat PDF 格式，或者在 WEB 发布这些信息，方便机构内部相关部门浏览。

消除空间分配争论

可以作出分配给各部门的可用面积，创建空间分配基准，根据部门及员工的功能，确定空间场所类型和数面积，使用客观的空间分配方法，可以消除员工对所分配空间场所的疑虑，制订空间使用计划，同时可以快速地为新员工分配可用空间。

按照建筑物及地点提供空间站用图、员工平均站用面积报告和员工名册；在设计图中加入职员标记符号。

满足各种报表需求

方便获取准确的面积和使用情况信息，满足内外部报表需求，如果依靠第三方评估规划，预算与实际花费之间可能会很大的出入。另外，采用内部成本分摊管理功能使得机构内部的每一个部门都自动承担起高效使用工作场所的责任，降低成本（图 3-24 ～图 3-26）。

模块实现的输出成果见表 3-6。

空间管理的成果输出内容　表 3-6

序号	清单表	序号	清单表
1	人均标准占用面积	5	组别标准分析 - 摘要报告
2	机构占用报表	6	机构员工报表
3	机构占用堆栈图	7	房间里的员工
4	机构占用房间图	8	员工位置

预计产生价值：改善可能关键利用率，降低空间成本

• 在根据要求定制账单和报告基础上，自动生成空间场地内部成本分摊报表

• 方便快捷地连接含有设施信息的建筑图纸，保持设施信息的准确性

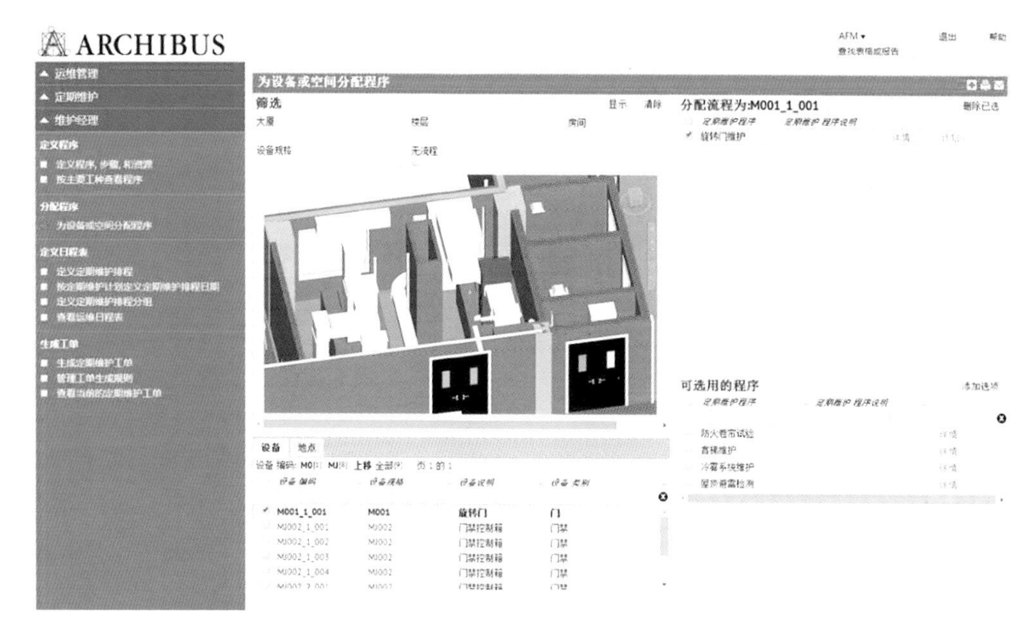

图 3-24 三维空间管理

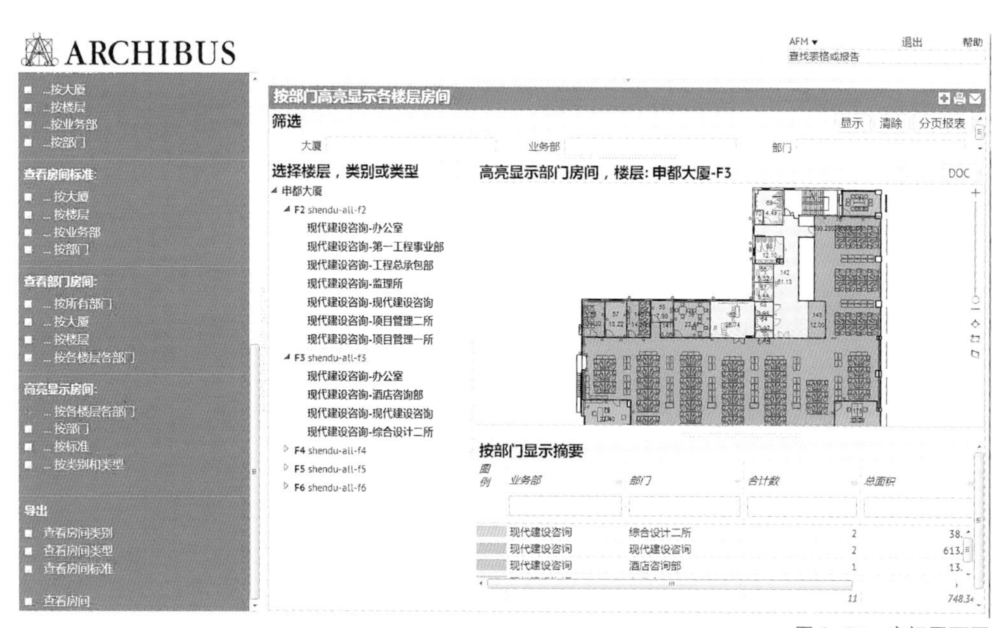

图 3-25 空间平面图

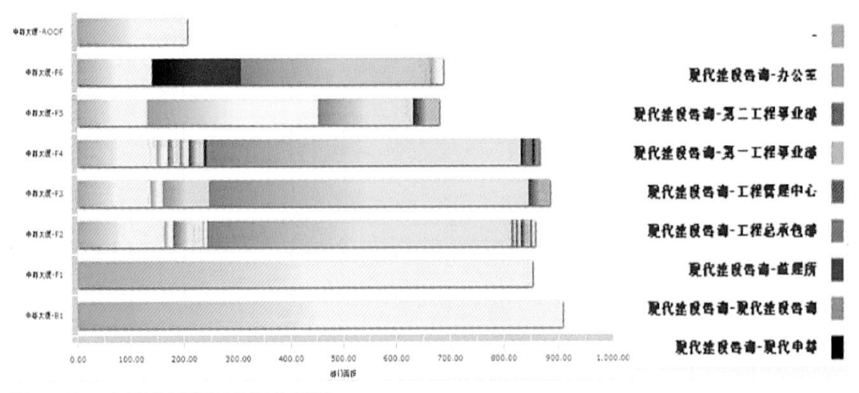

图 3-26 申都大厦部门空间分析图

• 准确的场所使用分配及成本分摊报表，避免外部或内部费用争执

（2）运维管理

使用申都运维管理模块，便于申都的设施管理部门更科学合理地配置人员以及工作时间与频次，能快速、轻松地对应急维修设备数据进行访问，低成本、高效率地管理工作；跟踪所有的维修作业，主动处理日益增长的工作量。主要的功能如下：

• 通过 BIM 三维可视化技术提升物业管理效率和技术水平

• 提升内部及外部服务表现，编排工作优先次序，避免工作积压

• 能够评估工单要求，优化人工及物料使用，尽量减低运作成本

• 轻松查询历史数据，简化工作预测及预算程序

• 追踪预防性维修程序，核实开支及确保符合内部标准或条例要求

• 提供状况评估能力

模块可以实现的输出成果见表 3–7。

运维管理的成果输出内容 表 3–7

序号	清单表	序号	清单表
1	建立设备预防性维修	5	技工可用情况
2	预防性维修工单	6	已启动的工单
3	设备物料清单	7	存货不足的零件
4	设备维护历史	8	程序、步骤及资源需求

维护计划

记录名称	报修人	报修时间
2073 2092两门电话不通 0571	鲁曙亮	2014/8/13
女厕所两个马桶盖松 0569	鲁曙亮	2014/8/13
女厕所马桶盖松 0570	鲁曙亮	2014/8/13
跳电 0572	鲁曙亮	2014/8/13
茶水间跳电	鲁曙亮	2014/8/13
会议室落地玻璃自爆 0574	鲁曙亮	2014/8/13
文印台没电 0575	鲁曙亮	2014/8/13

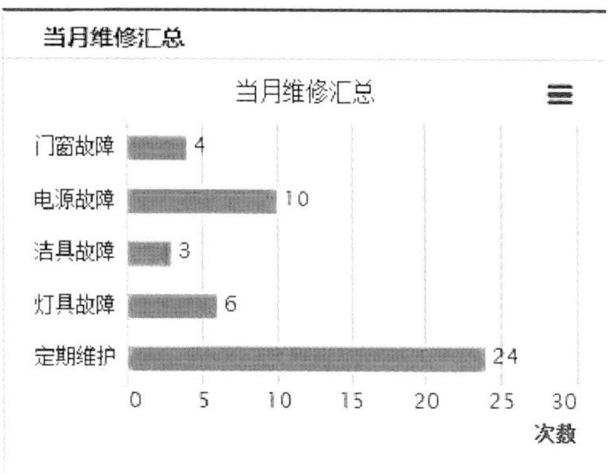

图 3–27　维护工作分析表

运维管理模块便于申都的设施管理部门更科学合理地配置人员以及工作时间与频次，能快速、轻松地对应急维修设备数据进行访问，低成本、高效率地管理工作；跟踪所有的维修作业。由于预先定义了维护请求的问题类型，系统在近一年的运行过程中搜集了相关运维工单数据，可以按照时间维度对产生的各类问题进行统计分析，有利于及时发现故障频发点，预先采取措施避免故障，优化设施的健康状态。

图 3–27 为 2014 年 9 月维护工作请求统计表，定期维护进行了 24 次，另外，门窗故障 4 次，电源故障 10 次，洁具故障 3 次，灯具故障 6 次。每次维护工作都详细记录在案，包括维护内容、维护人员、保修时间、维修时间、当前状态，甚至可以通过这些数据了解到不同维修人员的相应速度、服务满意度，从而考核具体人员的工作业绩。

（3）设备和家具资产管理

有效地管理设备和家具等固定资产，对于保持机构良好的财务状态是很有帮助的。通过 FM 申都系统将设备、家具与空间位置、使用及维护人员有机地结合在一起进行管理，追踪设备的更新、人员和资产的调整，并维护数据记录，同时按员工确定成本，可以方便地进行设备、人员的搬迁及变更管理。

通过建立设备、家具分类标准对建筑物内的设备、家具建立整体的资产清册，在条码技术手段的支撑下进行管理。申都项目研究实现功能如下：

• 对家具设备的申请、采购、登记、维护、更新、报废、处置进行全生命周期管理

• 生成分部门、楼层、房间的资产分布图和清单

• 按照不同家具、设备标准类型产生报表

• 使用条码技术进行资产盘点

模块可以实现的成果输出见表 3–8。

设备和家具资产管理的成果输出内容 表 3–8

序号	清单表	序号	清单表
1	家具标准手册	5	设备分布报表
2	设备标准手册	6	标准设备库存
3	房间标准及家具手册	7	部门标准家具数量
4	各部门标准附家具数量	8	比较试验并重新放置设备

预计产生价值如下：

• 将资产的从属权进行分配及管理，以加强问责制，降低资产生命周期内支出成本；

• 通过实质性地追踪资产位置及了解资产折旧情况，对废弃的资产进行再利用，延长资产使用寿命；

• 提高搬动效率，减少由于搬动造成的混乱及生产效率降低等消极影响；

• 在执行搬动前，对于设施分布进行试验，分析不同的搬动选择方案。

（4）能源监控集成

采用 SharePoint 技术搭建了基于 B/S 结构申都门户集成了能耗监控系统展示功能。主要功能如下：

丰富灵活的界面呈现工具

系统具有良好的交互体验，提供棒图、曲线、表盘、饼图、散点图、文字、表格、报表等多种数据呈现方式，界面简洁大方，用户操作简单方便。

支持多种系统浏览方式

系统基于 B/S 架构，无需安装软件客户端，通过 Web 浏览器即可登录系统查看实时监控信息及能耗信息。支持个人电脑、平板电脑、智能手机等访问方式，便于用户随时随地了解系统运行状况。

3.4.2 创新性地开发一种远程监控装置

项目在设计过程中未对室内温湿度环境进行监测，因此为了评估现场全年的舒适性水平以及评估空调系统的有效性，课题研究创新性地开发一种远程监控装置，并获得了使用新型专利。

实用新型提供了一种远程监控装置，包括传感模块、与传感模块连接的通信模块、一体化空腔、开关和支架底座（图 3–28）。

远程监控装置将室内湿度、相对湿度、二氧化碳浓度传感器和通信模块集成在一

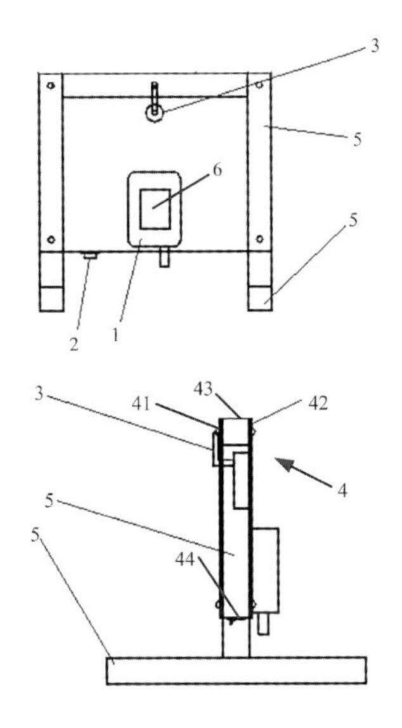

图 3–28 远程监控装置的主视图和侧视图
1. 传感模块；2. 开关；3. 通信模块；4. 面板；
41. 第一面板；42. 第二面板；43. 第三面板；
44. 第四面板；5. 支架底座；6. 显示屏

个装置内，可以远程监控室内湿度、相对湿度和二氧化碳浓度数据，通过无线网络将该数据发布至工控机、工作站或服务器，便携度高，可以任意摆放，操作方便，无须复杂的信号通信配置，外观牢固，可防止意外损坏。

通过该装置实现了对于 1–6F 的室内大空间舒适度的实时监测，以 3F2014 年的运行数据为例可知，其室内温湿度的满足比率情况如表 3–9。

由表 3–9 可知，冬季严重偏干燥，由图 3–29 可知基本低于 30%，主要原因是新风系统未开启，即无加湿所致；过渡季节

三层大办公空间的室内温湿度满足率 表 3–9

序号	季节	事项	比率
1	冬季（1 月）	温度≥ 20	87%
2		相对湿度≥ 40%	8%
3		温度和相对湿度同时满足	8%
4	过渡季（4 月）	26 ≥温度≥ 20	97%
5		60% ≥相对湿度≥ 40%	69%
6		温度和相对湿度同时满足	67%
7	夏季（7 月）	温度≤ 26	55%
8		相对湿度≤ 60%	50%
9		温度和相对湿度同时满足	27%

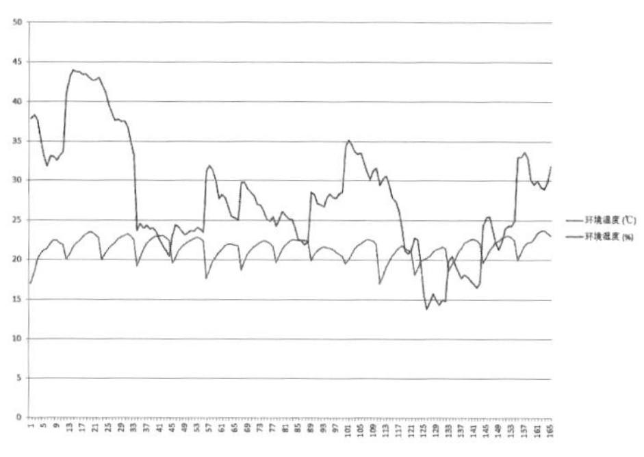

图 3-29 3F—1 月份工作时段温湿度变化曲线

图 3-30 3F—4 月份工作时段温湿度变化曲线

较为舒适，但湿度稍微不足，波动较大，由图 3-30 可知，波动范围在 30% ～ 70% 之间；夏季温度与相对湿度都略偏离设计工况，由图 3-31 可知湿度波动较大，相对偏高，温度略微偏高。

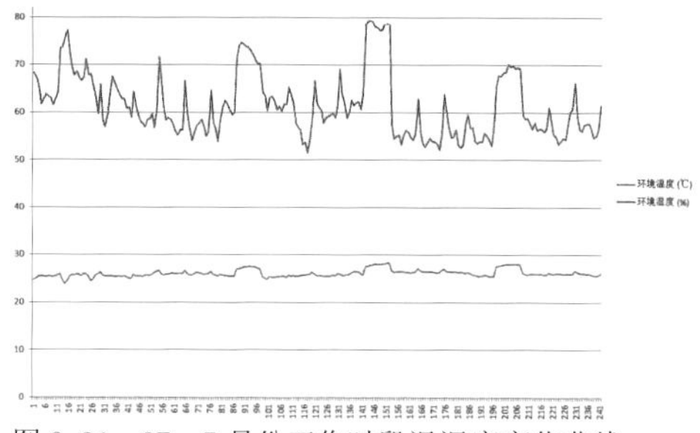

图 3-31 3F—7 月份工作时段温湿度变化曲线

3.5 问题与处理

项目运行过程也发生过各种问题，包括太阳能光伏发电系统孤岛发电、太阳能热水系统过热、雨水回收系统雨水利用率低、能源使用浪费等。

以雨水系统为例，由于能效系统统计结果显示项目前期雨水系统的雨水利用率低于预期，利用 BA 系统就雨水系统的补水控制进行了测试。中水水箱的水位变化如图 3-32。

测试阶段，人为作了一些工况的变化，具体见表 3-10。

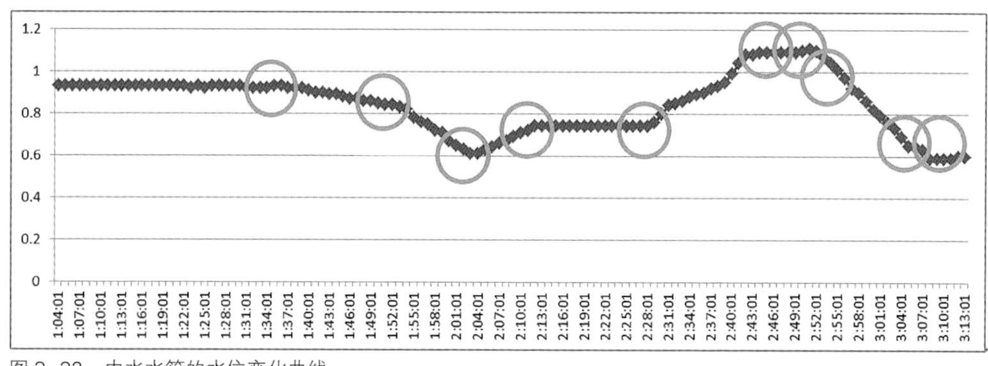

图 3-32 中水水箱的水位变化曲线

测试工况变化表 表 3-10

工况	时间	内容
1	1:36	开启道路冲洗阀门
2	1:52	开启排空阀门
3	2:03	雨水补水泵启动
4	2:12	关闭雨水补水泵（自来水补水泵启动）
5	2:29	开启雨水补水泵（自来水补水泵\雨水补水泵同时启动）
6	2:43	自来水补水泵停止运行
7	2:44	关闭雨水补水泵
8	2:49	开启雨水补水泵
9	2:51	雨水补水泵停止运行
10	3:05	雨水补水泵启动
11	3:08	自来水补水

测试结果显示，中水水箱的实际启动控制与设计有所偏差，即雨水补水泵启动水位约为 0.65（对应设计图纸 -0.85），自来水补水泵约为 0.6（对应设计图纸 -0.9），停泵的水位约为 1.1（对应设计图纸 -0.4）与设计基本一致，说明实际使用中自来水补水泵和雨水补水泵的启动水位过于接近，存在雨水和自来水同时补水的可能，即没有充分利用雨水资源。

测试过程中同时发现，雨水泵补水速度远低于自来水补水，即雨水回用系统补水速度约为 0.01m/min，而共同补水速度约为 0.04m/min。

科研人员与厂家就控制水位进行重新调整，调整后自来水补水泵水位启动约为 0.4（对应设计图纸 -1.1），雨水补水泵启动水位不变。并在实际调试时，发现雨水回用系统补水速度较慢的原因是自动过滤器堵塞导致流速减小。

2013-2014 两年的运行过程中的出现的主要运行故障及处理见表 3-11。

主要运行故障及处理一览表 表3-11

系统	问题	目前情况
太阳能热水系统	热水机房管道漏水	已解决
	夏热水箱过热，蒸汽阀排气，消防报警，影响正常使用	3～10月期间实时关注高区的储热水箱温度当超过65℃时关闭集热循环管路。夏季高温季节，周末关闭集热循环管路
太阳能光伏系统	夏季用电高峰电闸断电，重启后未及时开启，造成孤岛效应	增加日常的监控检查
雨水回用系统	自动过滤器堵塞导致雨水补水速度过慢	已解决
	自来水补水水位差过小，导致自来水补水量过大	已解决
能效监管系统	计量仪表数据与电力局电表存在偏差	已解决
	监控主机易断网重启	增加每日检查增加远程监控
	导出数据出现写入对应错误，或缺项	已解决
	消防用量水表偏差等严重	拆除不计量
	水表、风速等参数上传精度不足	未能解决
	部分指标计算不正确，如雨水利用比率等	已解决
	个别电表损害	已更换
小型气象站	直射辐射表易出现日光跟踪错误	每月进行调整
	无线发布与有线传输出现排斥，导致有线数据记录异常	关闭无线发布
	自身存储饱和后，出现停机现象	定期清空内存
遮阳	6层南侧办公楼夏热日晒较为严重	增设手动的外遮阳
喷雾降温系统	喷嘴易堵塞	须每天开启半小时维持通常

续表

系统	问题	目前情况
BA 设备管理	未使用	已使用
给水系统	2014 年 12 月出现连续 2 天总水量激增，进水侧漏水现象	已解决
空调系统	存在无人使用现象	增加每日下班后检查

3.6 申报之路

3.6.1 前期阶段技术梳理

第一阶段，对照绿色建筑评价标准，就节地与室外环境、节能与能源利用、节水与水资源利用、室内环境质量以及运营管理几个部分对于绿色运营技术的要求进行了全面梳理（表 3–12 ～表 3–16）。

节地与室外环境部分绿色运营技术要求　表 3–12

标准条文	关注部位	关注要点	责任类型
5.1.4 场地内无排放超标的污染源	厨房、垃圾房、地下停车库、雨水回用系统等	建成后的噪声、空气质量、水质、光污染等各项环境指标	非常规(定期检测)
5.1.6 场地环境噪声符合现行国家标准《城市区域环境噪声标准》GB 3096 的规定	空调新风机房、空调屋顶室外机、厨房、地下停车库等	建成后的环境噪声	非常规(定期检测)
5.1.8 合理采用屋顶绿化、垂直绿化等方式	垂直绿化、屋顶绿化	屋顶、垂直绿化的种植效果	绿化养护
5.1.9 绿化物种选择适宜当地气候和土壤条件的乡土植物，且采用包含乔、灌木的复层绿化	场地绿化、垂直绿化、屋顶绿化	实种植物的种类	绿化养护

节能与能源利用部分绿色运营技术要求 表 3–13

标准条文	关注部位	关注要点	责任类型
5.2.2 空调采暖系统的冷热源机组能效比符合现行国家标准《公共建筑节能设计标准》GB 50189 第 5.4.5、5.4.8 及 5.4.9 条规定，锅炉热效率符合第 5.4.3 条规定	空调室外机	设备铭牌、使用手册、核对设备的能效值（检验报告）	机电设备维保（空调系统）
5.2.10 利用排风对新风进行预热（或预冷）处理，降低新风负荷	热回收型空调新风机组	风量、温度等运行记录	机电设备维保（空调系统）
5.2.12 建筑物处于部分冷热负荷时和仅部分空间使用时，采取有效措施节约通风空调系统能耗	空调新风系统及空调系统	空调系统及新风系统的运行记录	机电设备维保（空调系统）
5.2.13 采用节能设备与系统。通风空调系统风机的单位风量耗功率和冷热水系统的输送能效比符合现行国家标准《公共建筑节能设计标准》GB 50189 第 5.3.26、5.3.27 条的规定	空调新风系统	系统的运行记录	机电设备维保（空调系统）
5.2.15 改建和扩建的公共建筑，冷热源、输配系统和照明等各部分能耗进行独立分项计量	能效监管平台	分项计量的运行记录以及能耗分析报告	机电设备维保（空调系统）非常规（基于能效平台自动记录）

节水与水资源利用部分绿色运营技术要求 表 3–14

标准条文	关注部位	关注要点	责任类型
5.3.3 采取有效措施避免管网漏损	计量水表、管道	用水量计量报告	机电设备维保（生活给水、雨水回用、浇灌系统）非常规（基于能效平台自动记录、水质定期检测）
5.3.4 建筑内卫生器具合理选用节水器具	生活给水计量水表、水嘴、大小便池	用水量计量记录、全年逐月用水量计量，其中包括各类用途的实测用水量、设计用水定额、节水率等	

续表

<table>
<tr><th>标准条文</th><th>关注部位</th><th>关注要点</th><th>责任类型</th></tr>
<tr><td>5.3.5 使用非传统水源时，采取用水安全保障措施，且不对人体健康与周围环境产生不良影响</td><td>雨水回用系统（在线监测装置、过滤器及加药设备）</td><td>水质检验报告</td><td rowspan="7">机电设备维保（生活给水、雨水回用、浇灌系统）非常规（基于能效平台自动记录、水质定期检测）</td></tr>
<tr><td>5.3.6 通过技术经济比较，合理确定雨水积蓄、处理及利用方案</td><td>雨水回用系统、雨水计量水表、降雨量计量设备</td><td>全年逐月雨水用水量记录报告</td></tr>
<tr><td>5.3.7 绿化、景观、洗车等用水采用非传统水源</td><td rowspan="2">浇灌用水计量水表、浇灌系统</td><td rowspan="2">用水量记录报告</td></tr>
<tr><td>5.3.8 绿化灌溉采取喷灌、微灌等节水高效灌溉方式</td></tr>
<tr><td>5.3.10 按用途设置用水计量水表</td><td>计量水表</td><td>分项用水量记录报告</td></tr>
<tr><td>5.3.11 办公楼、商场类建筑非传统水源利用率不低于 20%、旅馆类建筑不低于 15%</td><td>计量水表、雨水回用系统、浇灌系统</td><td>全年逐月用水量记录报告</td></tr>
</table>

室内环境质量部分绿色运营技术要求　　表 3-15

标准条文	关注部位	关注要点	责任类型
5.5.1 采用集中空调的建筑，房间内的温度、湿度、风速等参数符合现行国家标准《公共建筑节能设计标准》GB 50189 中的设计计算要求	空调系统、温湿度记录仪	室内的温湿度记录	非常规（定期检测）
5.5.3 采用集中空调的建筑，新风量符合现行国家标准《公共建筑节能设计标准》GB 50189 的设计要求	空调新风系统	新风机组的运行记录	非常规（基于能效平台自动记录）

续表

标准条文	关注部位	关注要点	责任类型
5.5.4 室内游离甲醛、苯、氨、氡和TVOC等空气污染物浓度符合现行国家标准《民用建筑工程室内环境污染控制规范》GB 50325中的有关规定	空调系统（过滤装置）	室内污染物浓度	机电设备维保（空调系统）非常规（定期检测）
5.5.5 宾馆和办公建筑室内背景噪声符合现行国家标准《民用建筑隔声设计规范》GBJ 118中室内允许噪声标准中的二级要求；商场类建筑室内背景噪声水平满足现行国家标准《商场（店）、书店卫生标准》GB 9670的相关要求	管道隔声、设备减震、机房隔声等	室内背景噪声	机电设备维保（空调系统）非常规（定期检测）
5.5.6 建筑室内照度、统一眩光值、一般显色指数等指标满足现行国家标准《建筑照明设计标准》GB 50034中的有关要求	照明灯具	室内的照明指标	机电设备维保（照明系统）非常规（定期检测）
5.5.11 办公、宾馆类建筑75%以上的主要功能空间室内采光系数满足现行国家标准《建筑采光设计标准》GB 50033的要求			
5.2.18 根据当地气候和自然资源条件，充分利用太阳能、地热能等可再生能源，可再生能源产生的热水量不低于建筑生活热水消耗量的10%，或可再生能源发电量不低于建筑用电量的2%	光伏发电系统、太阳能热水系统	太阳能光伏发电量、太阳能热水保证率	太阳能（光热、光伏）系统维保非常规（基于能效平台自动记录）
5.5.15 采用合理措施改善室内或地下空间的自然采光效果	门窗、遮阳、垂直绿化	室内采光照度	非常规（定期检测）

运营管理部分绿色运营技术要求 表3–16

标准条文	关注部位	关注要点	责任类型
5.6.1 制定并实施节能、节水等资源节约与绿化管理制度	机电设备、绿化、围护结构	节能管理制度、节水管理制度、设备维护制度和耗材管理制度、绿化管理制度	管理部门

续表

标准条文	关注部位	关注要点	责任类型
5.6.3 分类收集和处理废弃物，且收集和处理过程中无二次污染	垃圾房	垃圾分类、回收和处理	保洁（垃圾处理）
5.6.5 物业管理部门通过 ISO14001 环境管理体系认证	ISO14001 环境管理体系认证	物业管理企业的资质	管理部门
5.6.7 对空调通风系统按照国家标准《空调通风系统清洗规范》GB 19210 规定进行定期检查和清洗	通风空调系统	通风空调系统的定期清洁	机电设备维保（空调系统）
5.6.9 建筑通风、空调、照明等设备自动监控系统技术合理，系统高效运营	BA 监控系统	建筑智能化系统的运行数据的记录及分析以及环境参数的监测记录	机电设备维保（BA 系统）
5.6.10 办公、商场类建筑耗电、冷热量等实行计量收费	能效监管平台	实施按计量征收能源费	管理部门（能效平台）
5.6.11 具有并实施资源管理激励机制，管理业绩与节约资源、提高经济效益挂钩	管理责任制	能源管理的激励制度	管理部门

综上可知，绿色运营应从以下几个方面着手：

1. 有完善的绿色运营机制保障

制定包括绿色管理责任及激励管理制度、计量收费管理制度以及各种绿色系统的使用管理办法等内容，具体见表 3–17。

绿色运营机制保障的完善　表 3–17

类型	负责单位：物业单位绿色分管部门	负责单位：技术主管部门
管理制度	增设绿色管理责任及激励管理制度	制订绿色管理的目标
	增设计量收费管理制度	计量收费的依据算法

续表

类型	负责单位：物业单位绿色分管部门	负责单位：技术主管部门
机电设备工作手册	增设室内外环境监测管理办法	包括室外噪声、空气质量，室内采光、通风、温湿度、照度、噪声、污染物的监测记录要求等 包括安全运行指标、维护保养要求、耗材资料管理要求、记录监测要求、分析报告要求等
	增设雨水回收系统使用管理办法	
	增设太阳能热水系统使用管理办法	
	增设太阳能光伏系统使用管理办法	
	增设能效监管平台使用管理办法	
	完善空调系统、照明系统、BA 系统的使用管理办法	
	完善电梯运营的使用管理	
绿化养护工作手册	增设屋顶菜园管理办法	包括保养维护、安全完好指标、浇灌系统运行、记录监测要求等
	增设垂直绿化管理办法	
保洁工作手册	完善垃圾回收处理的管理办法	分类回收、处理、再用的要求等
	完善道路冲洗、洗车管理办法	冲洗周期等技术要求

2. 做好绿色建筑维护保养的记录工作

主要关注空调系统、新风系统、光热、光伏、雨水回收、绿化系统以及分项计量系统的运行记录。

3. 做好绿色技术的运行检测工作

主要关注光伏发电系统、太阳能热水系统效率检测；室内照度、热湿环境、室内背景噪声、隔声性能、自然采光、自然通风效果检测；主要污染物包括室内空气品质、噪声、废弃、废水的检测；雨水系统的水质检测；空调热回收系统热回收效率检测以及建筑能效检测等工作。

3.6.2 准备阶段

1. 绿色物业

（1）完成申都大厦的相关设施设备的交底

申都大厦物业管理处于 2013 年 7 月完成了申都大厦的相关设施设备的交底（包括使用说明书、竣工图纸以及现场照片）及设备技术目录备案，包括弱电电气、雨水、垂直绿化、光热、光伏、气象站、泛光、能效、厨房、空调、电梯、灯控等。

（2）环境管理体系和职业健康安全管理体系认证

申都大厦物业管理处于 2013 年 10 月 22 日通过方圆标志认证集团审核，取得环境管理体系认证证书和职业健康安全管理体系认证证书（图 3–33）。

（3）完成申都大厦管理处作业指导书

申都大厦物业管理处于 2013 年 7 月完成了申都大厦管理处作业指导书，内容涵盖了生活废水管理规程、噪声控制管理规程、固体废弃物分类、回收、处置控制管理规程、绿化养护工作质量控制管理规程、集（雨）水井设备操作规程、空调系统运行管理规程、电梯运行管理规程、楼宇建筑设施设备运行管理规程、雨水回收、冷雾、水景系统运行管理规程、太阳能光伏系统运行管理规程、太阳能热水系统维保规程、

图 3–33 环境管理体系认证证书和职业健康安全管理体系认证证书

泛光照明系统运行管理规定等与绿色建筑相关的管理规定。

含有绿化日常养护情况记录表、大厦设备维保记录表、太阳能光伏系统日常巡检表、太阳能热水系统巡检记录表、系统设备维护保养计划项目表等与绿色建筑管理相关的日常保养、维保记录单。

完成物业相关资料整理，如表3-18。

物业相关资料汇总表　　表3-18

序号	类别	子项
1	物业公司资料	物业管理合同
2		物业管理公司的资质证书
3	物业管理方案	绿色管理责任及激励管理制度
4		节能节水管理制度
5		计量收费管理制度
6		室内外环境监测管理办法
7		雨水回收系统使用管理办法
8		太阳能热水系统使用管理办法
9		太阳能光伏系统使用管理办法
10		能效监管平台使用管理办法
11		空调系统的使用管理办法
12		照明系统的使用管理办法
13		BA 系统的使用管理办法
14		电梯运营的使用管理
15		屋顶菜园管理办法
16		垂直绿化管理办法
17		垃圾回收处理的管理办法
18		道路冲洗、洗车管理办法

续表

序号	类别	子项
19	产品或系统说明书 / 认证证书	节水器具
20		照明灯具
21		太阳能热水系统
22		太阳能光伏系统
23		能效管理系统
24		雨水系统、冷雾降温
25		弱电系统（包括 BA、智能照明）
26		屋顶绿化
27		垂直绿化
28		气象站
29		空调系统
30		泛光照明
31		电梯
32	日常管理	日常巡检记录表、定期维修保养记录表
33	运行记录	分项计量能耗分析
34		太阳能光热系统运行记录、热水用量和太阳能热水供应量记录
35		全年用水量运行记录；逐月用水量记录
36		雨水的用水记录及自来水补水记录
37		太阳能光伏系统运行记录
38		空调系统运行记录

2. 绿色检测

截至 2013 年 12 月底共完成 18 项绿色节能方面的相关检测工作（表 3-19）。

相关绿色检测的汇总表

表 3-19

序号	检测项目
1	室内热环境检测
2	室外噪声检测
3	室内空气质量检测
4	室内采光检测
5	建筑隔声
6	围护结构热工检测
7	太阳能光伏系统能效检测
8	能效测评
9	全热交换机组效率、VRV 室内机风量测试
10	废气的检测
11	雨水水质的检测
12	照明质量检测
13	建筑智能化检测
14	中庭自然通风
15	空调新风系统的风量平衡测试
16	过渡季节室内舒适度测试
17	排放污水检测

3. 绿色施工

对于施工阶段的众多材料进行了整理，包括竣工图纸、绿色施工方面的组织设计文件，土建与装修工程一体化施工方案、主要材料，如保温材料、遮阳设备、幕墙等进场验收记录、主要系统，如空调、给排水、弱电等的分部工程竣工验收记录和调试记录、混凝土用量清单、预拌混凝土采购合同、供货单以及施工日志、施工交底和工程决算材料清单（表 3-20）。

施工阶段的材料汇总表

表 3-20

序号	类别	子项
1	组织设计文件	绿色施工方面的组织设计文件
2		施工方案
3	进场验收记录	
4	分部工程竣工验收记录和调试记录	围护结构
5		空调
6		给排水
7		照明
8		强电
9		弱电
10	其他材料	混凝土用量清单
11		工程决算材料清单
12		施工日志
13		施工交底
14		预拌混凝土采购合同、供货单

3.6.3 预评审阶段（图 3–34）

项目于 2014 年 8 月完成了绿色建筑三星级运行标识的相关材料，并向上海市建筑建材业市场管理总站提交了申报材料，并通过了专家试评。

上海试评审专家给出非常多宝贵的意见，突出问题是 1）自评估报告中很多证明依据还以设计过程中的图纸、计算书作为依据，专家建议应尽量用运营数据证明，如室外风环境不宜以风环境模拟分析报告，尽量以现场实测数据证明；2）应以实际竣工图纸和材料为依据计算，如建议防结露计算书按照竣工材料进行了重新验算；3）报告模板中不足的部分应优化，如自评估报告中 5.5.1 室内设计参数表格为固定形式，只有设计阶段的参数，没有体现实际情况，应补充室内设计参数与实际数据对比”用实际数据说明运行情况；4）补充一些室内环境参数的检测，如照明灯具的统一眩光值、室内噪声等。

3.6.4 国家评审阶段

项目在按照上海试评专家提出的建议修改完善之后，于 2014 年 10 月向住房和城乡建设部科技发展促进中心绿色建筑发展处提交了申报绿色建筑三星级运行标识的相关材料。

专业评价过程中，评价专家提出了很多宝贵的建议，主要问题是部分数据需要补充完善的计算书或说明，如室外透水地面面积比计算书、外窗可开启面积比例计算书、屋顶绿化率的计算书、地下空间利用详细说明、风机单位风量耗功率计算书等。

项目于 2014 年 12 月 9 日召开了于 2014 年 12 月 15 日上午 9：00–11：00 在申都大厦现场举行的动员大会，就纸质材料准备、专家评审路线图安排、项目汇报 PPT 以及会务筹备进行安排和部署。

申都大厦项目于 2014 年 12 月 15 日顺利通过住房和城乡建设部科技发展促进中心组织的绿色建筑评价标准专家评审会（图 3–34）。

图 3–34　绿色建筑评价标准专家评审会现场

3.7 数据分享

3.7.1 中庭自然通风

项目单位于 2013 年 12 月 14 日 14：00 至 17：00 和 15 日 9：00 至 17：00 对于申都大厦的中庭自然通风环境进行了测试研究。

测试目的主要是研究中庭拔风的效果。测试时，天窗开启、东南向立转门开启角度 90° 、门厅大门、每层楼梯门、过道门、西向外窗、卫生间大门、办公室入口大门、七层外门以及餐厅入口关闭（图 3–35 ～图 3–37）。

主要测试了室外风速、风向、太阳总辐射强度（其中数据来自项目小型气象站）和中庭天窗下方排风风速（测试仪器：万向风速变送器 HD403TS）。整个测试采用连续测量，2 分钟记录一组数据，测试结果如图 3–38 ～图 3–40。

测试结果表明中庭自然通风所产生的拔风效果平均达到 5.26 次换气次数，最高换气次数为 5.8 次，最低约 4 次，测试期

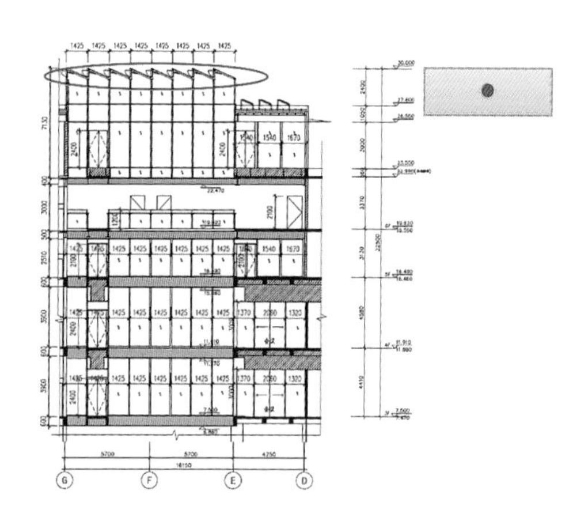

图 3–35 排风天窗处布点

图 3–36 东南向开启角度 90° 立转门

图 3–37 各楼层门窗全部关闭

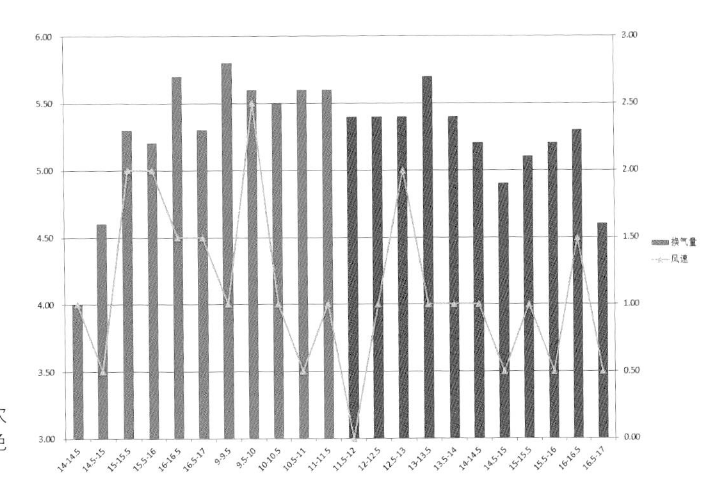

图 3-38　申都大厦中庭换气次数与室外风速环境参数（红色部分为 1 层南侧立转门关闭）

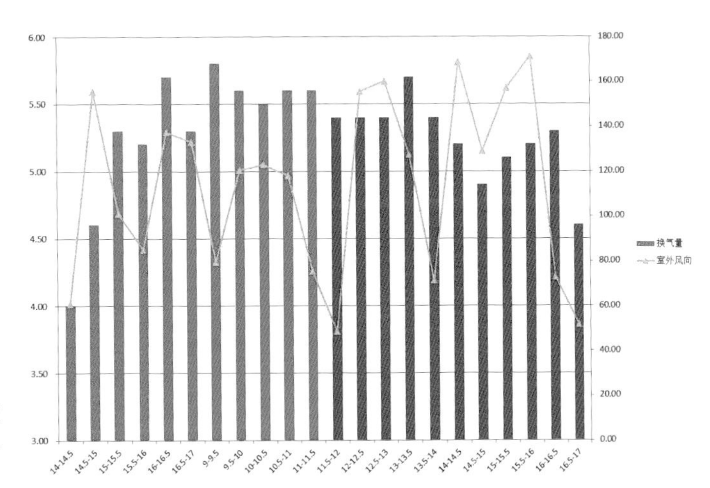

图 3-39　申都大厦中庭换气次数与室外风向环境参数（红色部分为 1 层南侧立转门关闭）

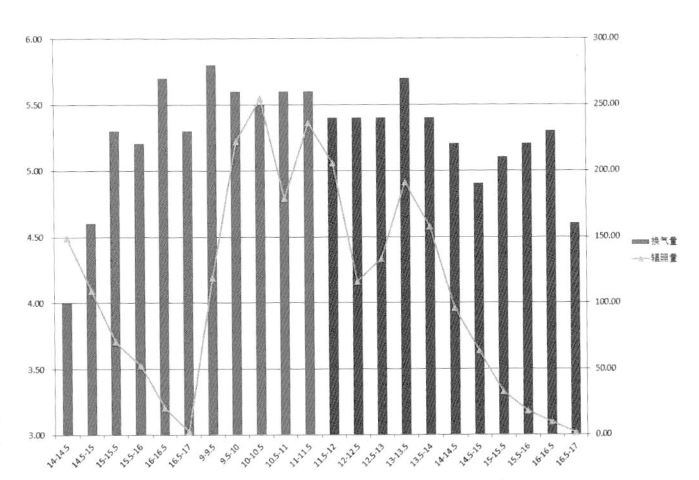

图 3-40　申都大厦中庭换气次数与室外太阳辐射环境参数(红色部分为 1 层南侧立转门关闭）

间室外风速基本在 0 ～ 2.5m/s 范围变化，平均为 1.11m/s，室外风向基本在东南风向变化。

测试结果同时表明，由图 3–38 可知，进风口的减少对于换气次数影响微弱，说明换气次数主要决定室外环境和排风口的大小；由图 3–40 可知，辐照量的减少对于换气次数影响同样微弱，说明此项目的通风换气在过渡季节里主要取决于风压作用，热压作用微弱。

项目测试工况与模拟工况基本一致，测试结果表明申都大厦自然通风效果很好，在较低风速下换气次数仍能保持在 4 次以上，满足标准要求。

针对申都大厦中庭自然通风和运行效果，设计建议如下：

图 3–41 东侧六楼布点

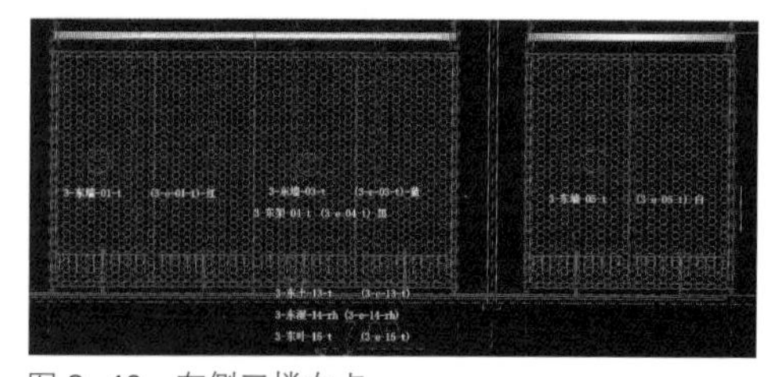

图 3–42 东侧三楼布点

• 增加强立转门的密封性

• 立转门的数量可以适当减少（至少可以减少一半）或者可以增大立转门与屋顶开窗之间的间距

• 屋顶活动外遮阳帘不宜过长

• 自然通风设计可以仅考虑风压影响

• 排风口的位置和尺寸设计作为自然通风设计的重点

3.7.2 垂直绿化

1. 夏季

项目与于 2014 年 6 月 14 日在项目现场进行了垂直绿化遮阳效果测试的布置，布置测点如图 3–41、图 3–42。

项目采取连续测量，每隔 5 分钟记录一组数据。图 3–42 为东侧三楼和六楼外窗测点的温度变化曲线（6 月 15 日），由图可知三楼外窗的表面温度与六楼外窗的表面温度，较为相近，平均仅为 0.1℃，最大温差可达 2.36℃，出现在 11:00 ～ 12:00 之间（图 3–43）。

由以上测试结果可见，三层外窗由于受到垂直绿化遮阳的遮挡影响，外窗外表面温度会低于六层，模拟分析得到了同样的结果，模拟结论显示三层的夏季外遮阳系数达到 0.77，而六层的夏季外遮阳系数只有 0.98，但效果不明显，仅在 11:00–12:00 之间表现明显。

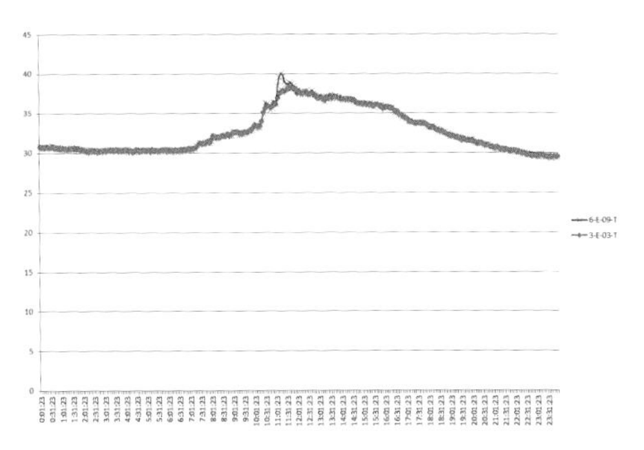

图 3–43 东侧三楼和六楼外窗测点的温度变化曲线（6 月 15 日）

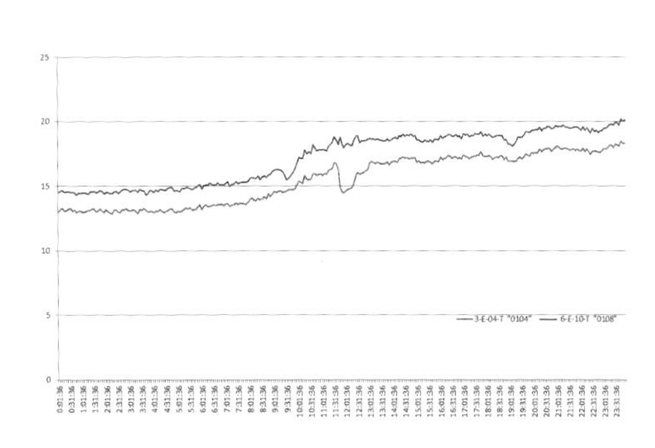

图 3–44 东侧三楼和六楼外窗测点的温度变化曲线（11 月 29 日）

2. 冬季

课题组于 2014 年 11 月 28 日至 12 月 1 日在项目现场进行了冬季垂直绿化遮阳效果测试。

图 3–44 为东侧三楼和六楼外窗测点的温度变化曲线（11 月 29 日），由图可知 6 楼外窗的表面温度明显偏高于 3 楼外窗的表面温度，平均为 0.93℃，最大温差可达 2.2℃，出现 11:00 ～ 12:00 之间。

由以上测试结果可见，三层外窗由于受到垂直绿化遮阳的遮挡影响，外窗外表面温度会明显低于六层，模拟分析得到了同样的结果，模拟结论显示三层的冬季外遮阳系数达到 0.73（低于夏季），而六层的冬季外遮阳系数只有 0.98，效果明显强于夏季，平均为 0.93℃。

由用水使用情况可知，垂直绿化的实际用水量远高于计算用水量（表 3–21）。

用水量计算值与实际值对照表 **表 3–21**

项目	计算值	2013 年（251 工作日）382 人工位数	2014 年（225/249 工作日）382 人工位数
垂直绿化	$0.56m^3/(m^2•a)$	$0.86m^3/(m^2•a)$	$3.74m^3/(m^2•a)$

根据申都大厦的垂直绿化实际效果，设计建议如下：

- 非传统水源计算时以及雨水系统设计时垂直绿化用水量指标可在场地绿化指标的基础上适当加大。
- 垂直绿化系统设计宜增加对于土壤

温度、叶片温度或攀爬金属结构温度的监测装置并纳入 BA 或能效监测管理系统。

• 从全年来看，该垂直绿化系统不利于冬季日照，不宜采用或者需要进一步优化。

3.7.3 太阳能光伏系统

系统于 2013 年 8 月出现了发电量偏低的情况，主要原因是 8 月夏季高温天气总用电负荷过高导致总电源跳闸后，系统自动保护形成孤岛效应后维护人员没有及时调整所致。

2014 年全年发电量为 12233kWh, 单位装机容量发电量为 0.96kWh/Wp，接近设计值 1.04kWh/Wp。全年发电量占总用电量的 3%。发电量基于与太阳能辐照总量的变化基本一致，此外根据总发电量与总辐照量的关系可见，太阳能光伏发电系统的年平均光伏转换效率约为 15%，达到设计 15% 的设计效率（图 3–45）。

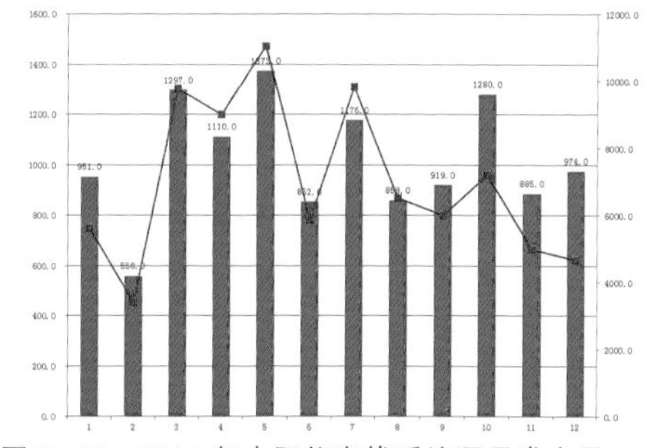

图 3–45　2014 年太阳能光伏系统逐月发电量（单位：kWh）

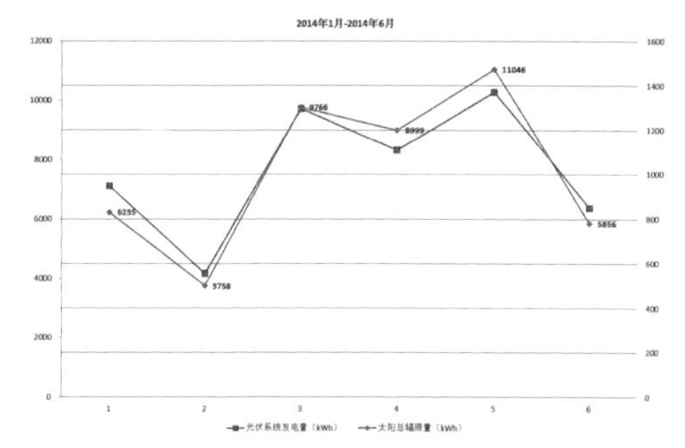

图 3–46　太阳能光伏发电系统逐月发电量与逐月总辐照量的关系

由图 3–46 可知，太阳能光伏系统的逐月发电量与逐月总辐照量基本线性相关，2014 年 1 ～ 6 月的系统平均光伏转换效率达到了 14%，达到了《可再生能源建筑应用工程评价标准》[3] GB T50801–2013 的 1 级水平。

由非逆流并网光伏发电系统的特征可知，非逆流并网光伏发电系统不允许多余的发电量并网至市政电网，因此在设备选型时尽量避免出现系统的发电量大于用电量情况发生，如不可避免需要安装防逆流装置。本项目最低用电量会出现在周末时间，尤其是节假日时间，图 3–47 为 2 月份逐日最低用电负荷（变压器进线）和最大发电量的关系曲线，由图可知最低用电负荷出现在春节期间，变压器进线最低负荷为 8kW，未出现 0kW 的情况，即此项目光伏系统容量设置较合理，不会出现逆流现象。

项目光伏系统整个建造成本为 45 万元，如果按照 1 元 /kWh 电计算，以 2014

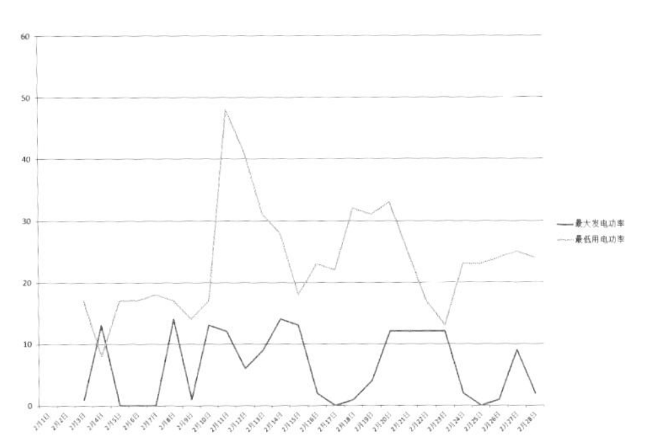

图 3-47 2 月份逐日最低用电负荷（变压器进线）和最大发电量的关系曲线

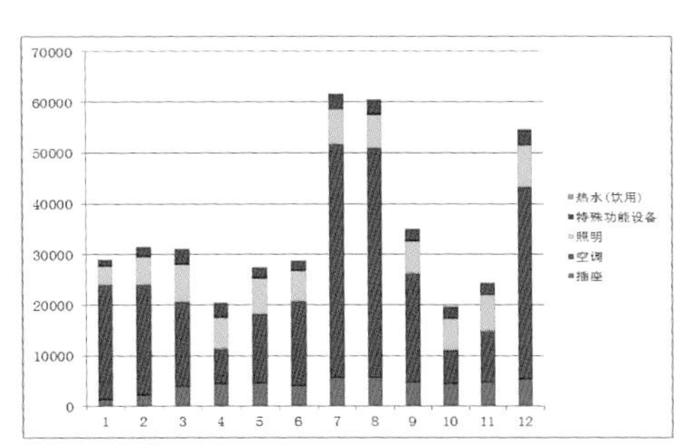

图 3-48 2013 年逐月用电量（单位：kWh）

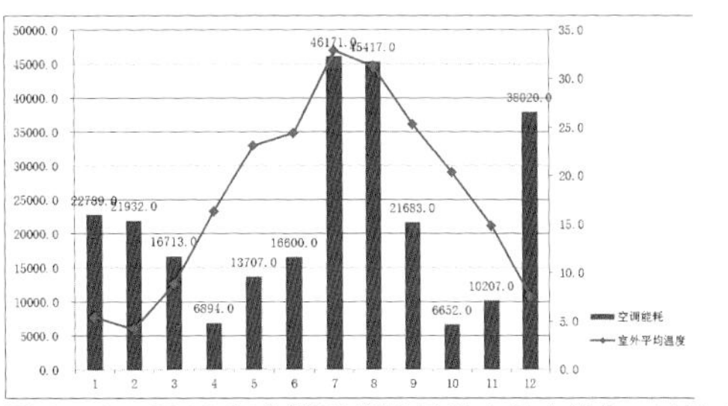

图 3-49 2013 年空调系统逐月用电量（单位：kWh）

年完整一年的发电量 12233kWh 计算，一年回收成本 12233 元，即静态回收期为 36.8 年。

综合太阳能光伏系统成本的降低，目前系统造价约为 10 元 /Wp，结合申都的运行情况，太阳能光伏系统在上海已具备较好的推广应用价值。

根据使用情况，设计中还应改进以下方面：光伏板附近增加清洗管道的用水点。

3.7.4 总体用能数据

1. 2013 年运行能耗

2013 年（截至 2013 年 12 月 31 日）总用电量为 435889kWh（已扣除太阳能光伏系统发电量），单位面积（包括地下室面积）用电量为 59.7kWh（$m^2 \cdot a$），人均用电量为 1141.1kWh/ 人，见图 3-48、图 3-49。

空调、照明、插座用电量最大，分别占到 60%、17% 和 11%。空调单位面积能耗为 36.5kWh/（$m^2 \cdot a$），其中 VRF 系统室内循环风的室外机所占能耗最高，约为 VRF 系统室内循环风的室内机的 10 倍，空调用电量与室外平均温度呈现了较为密切的相关性，最高能耗出现在 7、8 两个月，最低能耗出现在 4 月和 10 月，最高值与最低值相差约 7 倍，照明单位面积能耗 10.5kWh/（$m^2 \cdot a$），主要为一般照明所产生的能耗，约占其用电的 97%，插座单位面积能耗 6.9kWh/（$m^2 \cdot a$），其他能耗较高的部分主要为厨房用电、电梯和给

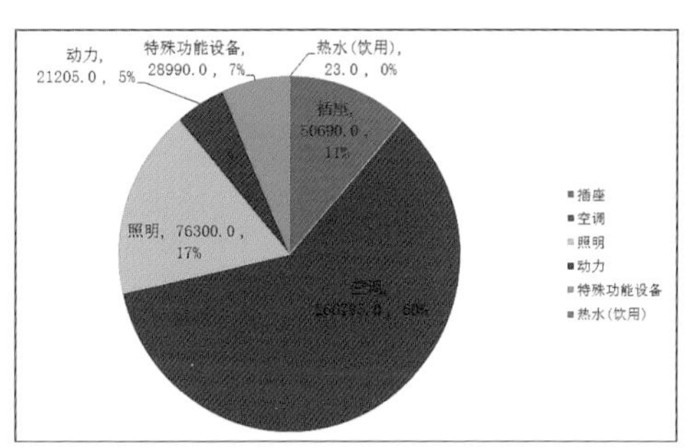

图 3–50　2013 年分项用电量特征（单位：kWh）

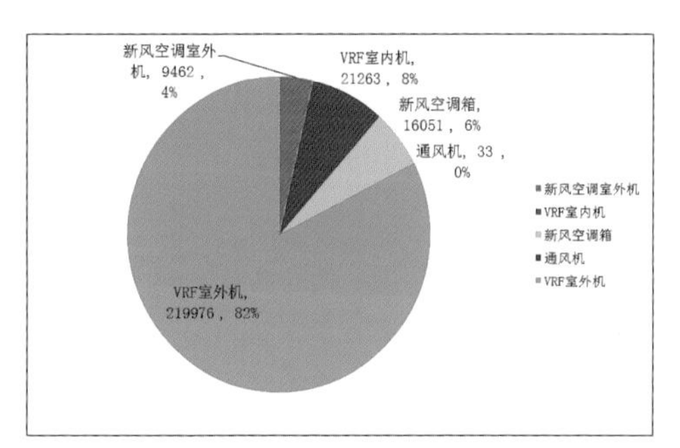

图 3–51　2013 年空调用能分项用电量特征（单位：kWh）

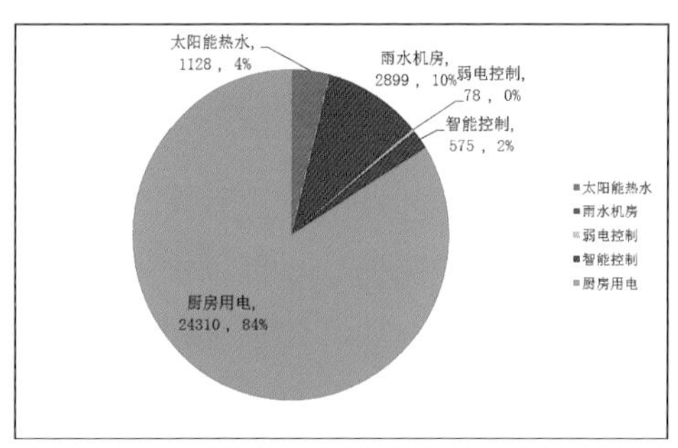

图 3–52　2013 年特殊功能用能分项用电量特征（单位：kWh）

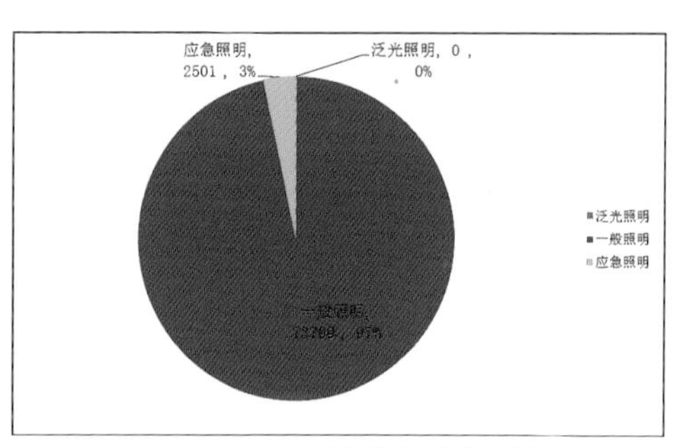

图 3–53　2013 年照明用能分项用电量特征（单位：kWh）

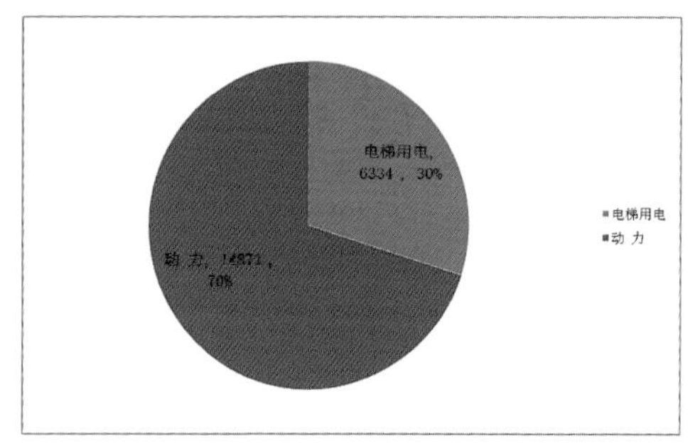

图 3–54　2013 年动力用能分项用电量特征（单位：kWh）

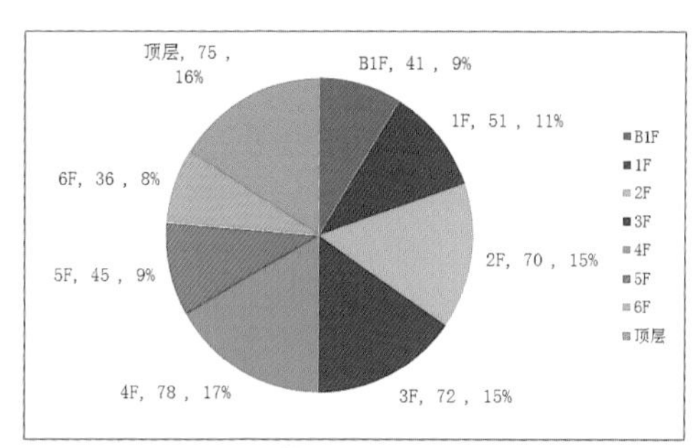

图 3–55 2013 年各楼层用电总量关系图（单位：kWh）

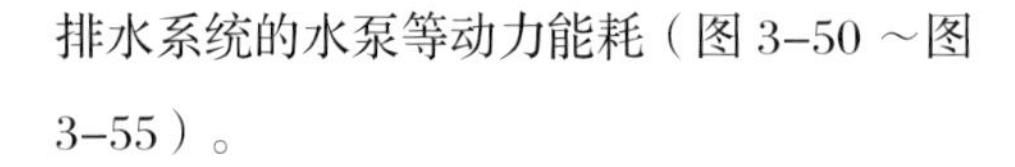

排水系统的水泵等动力能耗（图 3–50 ～图 3–55）。

由表 3–22 可见，设计人员办公功能的楼层用电量平均在 70 ～ 78 kWh/（m²·a）之间，人均在 618 ～ 773 kWh/a，可见五层、六层呈现出不同的特征，六层由于人数少，加班少，节能意识强，总体呈现单位面积用电量较低达到 36kWh/ m²，五层则表现出人均能耗高的特征，为 820kWh/ 人，约为其他楼层的 1.1 ～ 1.3 倍，因此由数据可见，从使用来讲，五层空间存在较大的节能空间。

申都大厦楼层用电特征 **表 3-22**

楼层	用电量		面积	人数	单位面积能耗（楼层）	人均能耗（工作区）
	工作区	公共区域				
B1F		43377	1070		41	
1F		59516	1170		51	
2F	64897	8516	1051	105	70	618
3F	71100	6223	1080	92	72	773
4F	72941	7567	1035	105	78	695
5F	37726	2126	893	46	45	820
6F	24330	5380	836	34	36	716
顶层	12432		166		75	

各楼层用电总量关系见图 3-55，由图可见功能楼面用电量占总用电量的 67%，扣除楼层公共部分之后，功能楼面用电量所占总用电量降低至 65%。各楼层用电分项规律见表 3-23。

申都大厦楼层用电特征图表 **表 3-23**

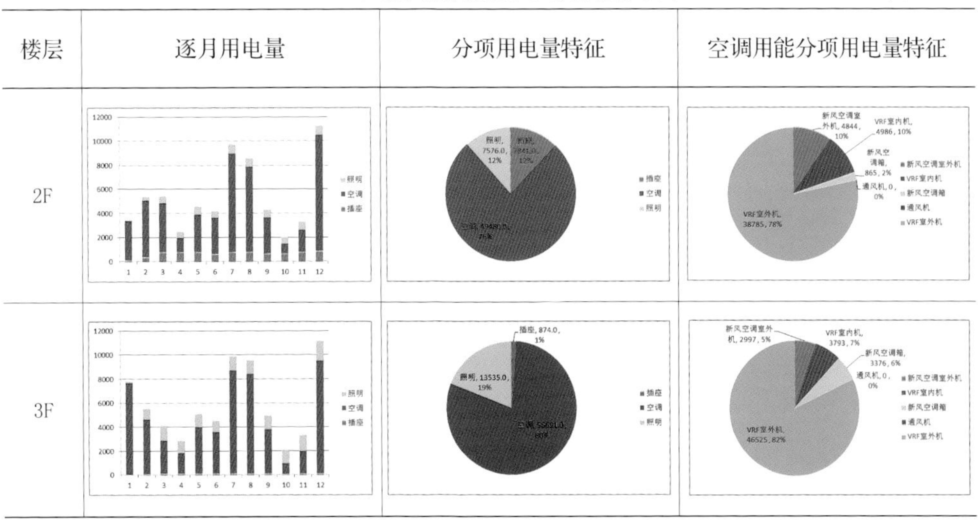

续表

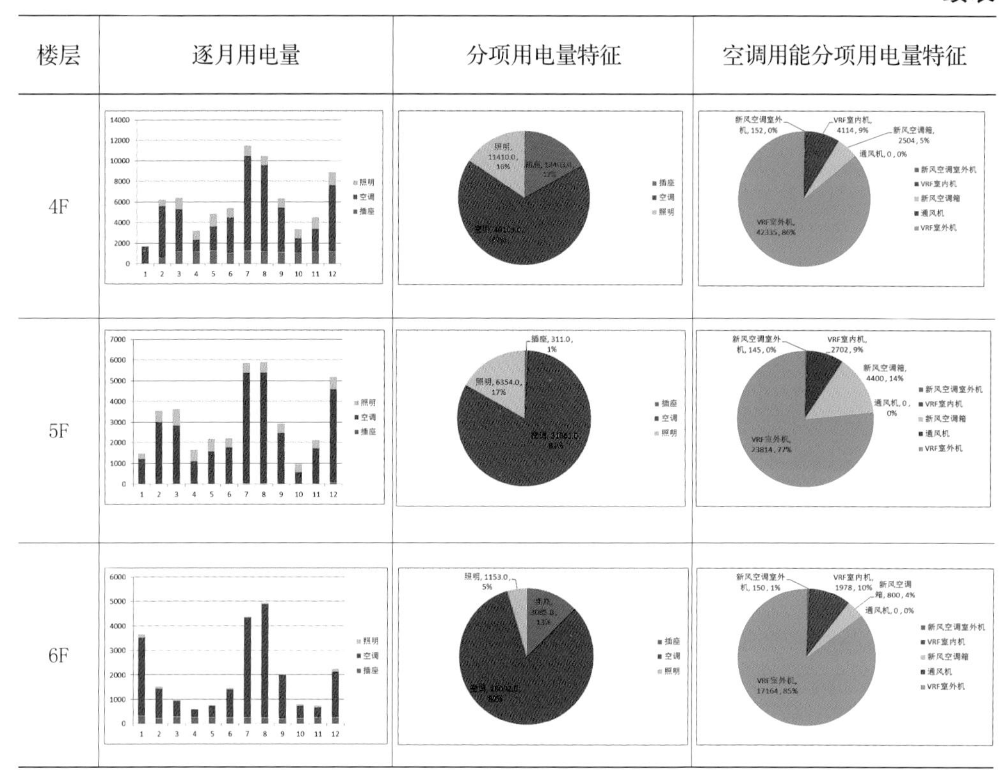

楼层	逐月用电量	分项用电量特征	空调用能分项用电量特征
4F			
5F			
6F			

2013 年（截至 2013 年 12 月 31 日）总用水量为 4647 m^3（包括雨水利用），按照 382 人 230 个工作日计算，人均用水量为 54.26L，如图 3–56。

生活用水、厨房用水、雨水回用水量用量较多，分别占到 66%、17% 和 15%。

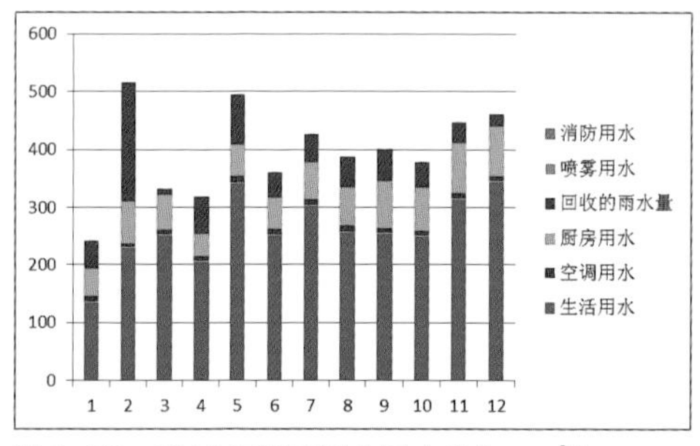

图 3–56　2013 年逐月用水量（单位：m^3）

2. 2014 年运行能耗

2014 年（截至 2014 年 12 月 31 日）总用电量为 449149kWh（已扣除太阳能光伏系统发电量），单位面积（包括地下室面积）用电量为 61.5kWh/ m^2，人均用电量为 1175.8kWh/ 人，见图 3–57、图 3–58。

空调、照明、插座用电量最大，分别

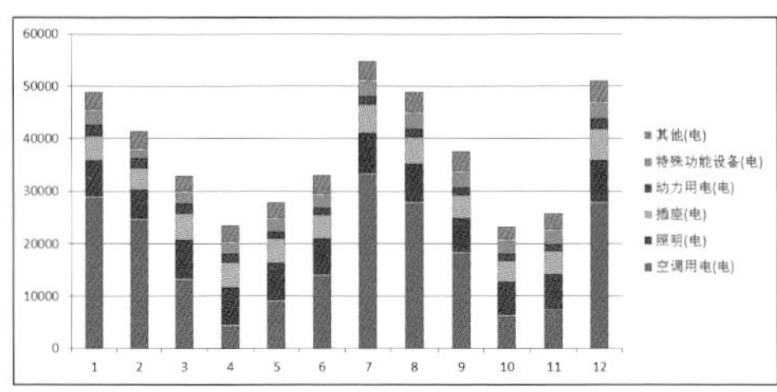

图 3–57 2014 年逐月用电量（单位：kWh）

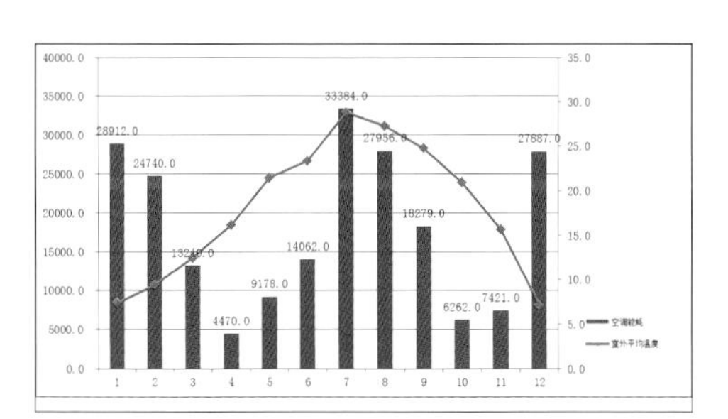

图 3–58 2014 年空调系统逐月用电量（单位：kWh）

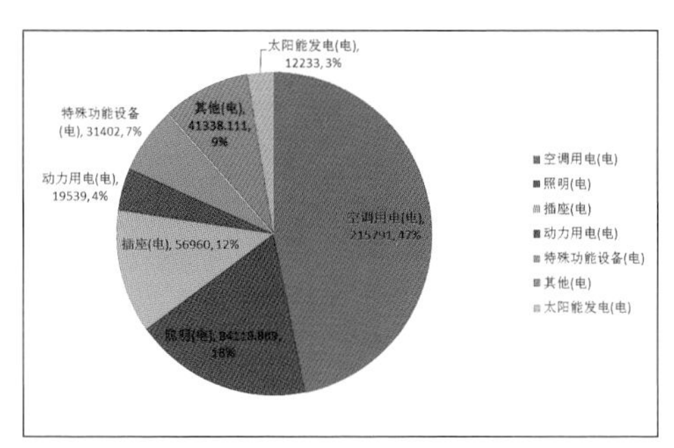

图 3–59 2014 年分项用电量特征（单位：kWh）

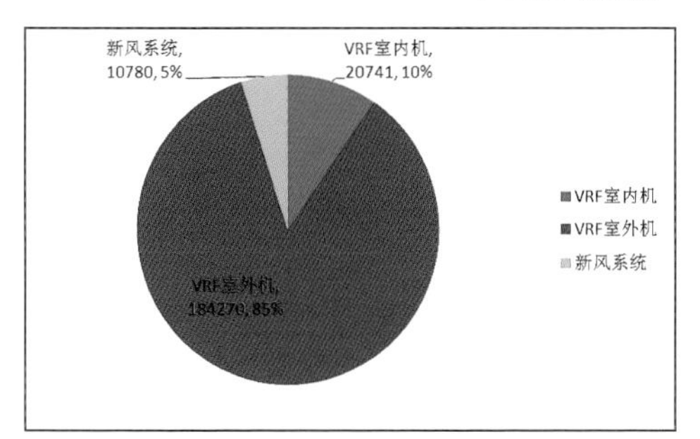

图 3–60 2014 年空调用能分项用电量特征（单位：kWh）

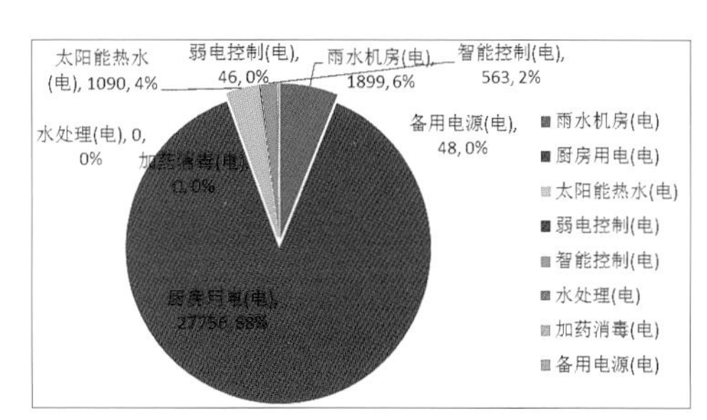

图 3–61 2014 年特殊功能用能分项用电量特征（单位：kWh）

占到 47%、18% 和 12%。空调单位面积能耗为 29.6kWh/ m^2・a，其中 VRF 系统室内循环风的室外机所占能耗最高，约为 VRF 系统室内循环风的室内机的 9 倍，空调用电量与室外平均温度呈现了较为密切的相关性，最高能耗出现在 7 月和 1 月，最低能耗出现在 4 月和 10 月，最高值与最低值相差约 7.5 倍，照明单位面积能耗 11.5kWh/（m^2・a），主要为一般照明所产生的能耗，约占其用电的 93%，插座单位面积能耗 7.8kWh/（m^2・a），其他能耗较高的部分主要为厨房用电、电梯和给排水系统的水泵等动力能耗（图 3–59 ~图 3–63）。

由表 3–23 可见，设计人员办公功能的楼层用电量平均在 61 ~ 72 kWh/（m^2・a）之间，人均在 528 ~ 694kWh/ 人，可见五层、六层呈现出不同的特征，六层由于人数少，加班少，节能意识强，总体呈现单位面积用电量较低达到 27kWh/（m^2・a），五层出人均能耗，为 563kWh/ 人，较 2013 年降低 30%。

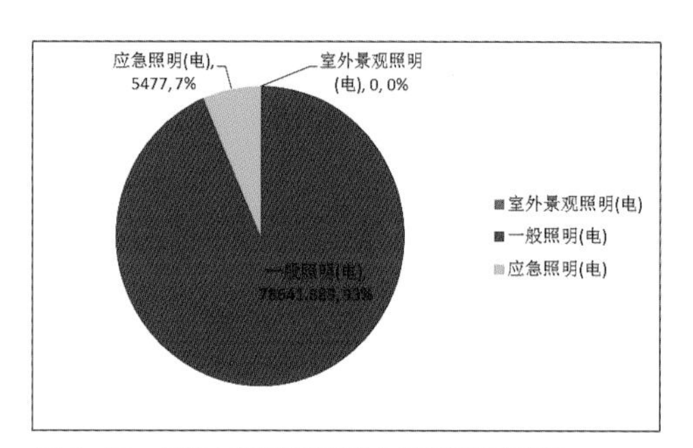

图 3-62 2014 年照明用能分项用电量特征（单位：kWh）

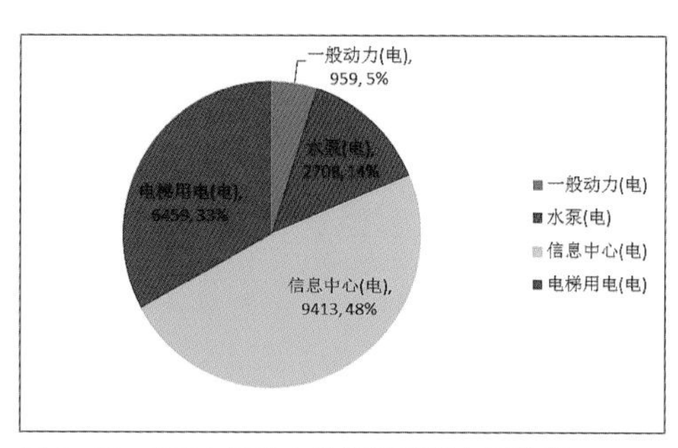

图 3-63 2014 年动力用能分项用电量特征（单位：kWh）

申都大厦楼层用电特征 **表 3-23**

楼层	用电量		面积	人数	单位面积能耗（楼层）	人均能耗（工作区）
	工作区	公共区域				
B1F		42671	1070		40	
1F		54572	1170		47	
2F	55476	9086	1051	105	61	528
3F	63881	7508	1080	92	66	694
4F	64424	9811	1035	105	72	614
5F	25875	2835	893	46	32	563
6F	21851	623	836	34	27	643
顶层		12580	166		76	

各楼层用电总量关系见图 3-64，由图可见功能楼面用电量占总用电量的 70%，扣除楼层公共部分之后，功能楼面用电量所占总用电量降低至 62%。各楼层用电分项规律见图 3-65。

2014 年（截至 2014 年 12 月 31 日）总用水量为 3189 m³（自来水），按照 382 人、

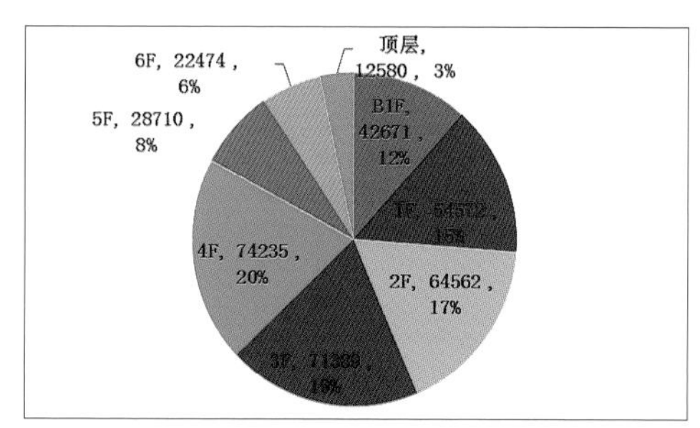

图 3-64 2014 年各楼层用电总量关系图（单位：kWh）

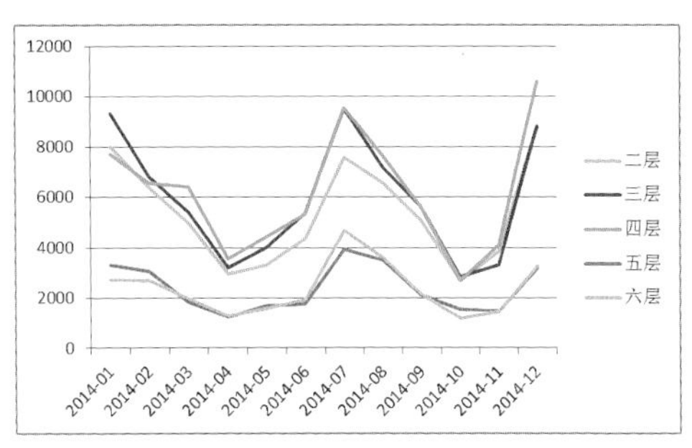

图 3-65　2014 年各楼层逐月用电图（单位：kWh）

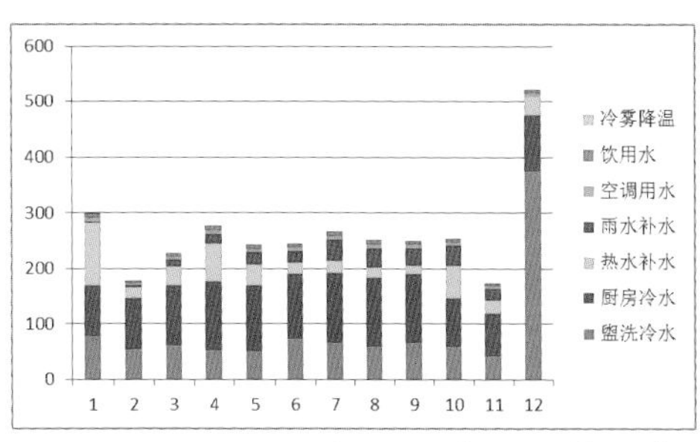

图 3-66　2014 年逐月用水量（单位：m^3）

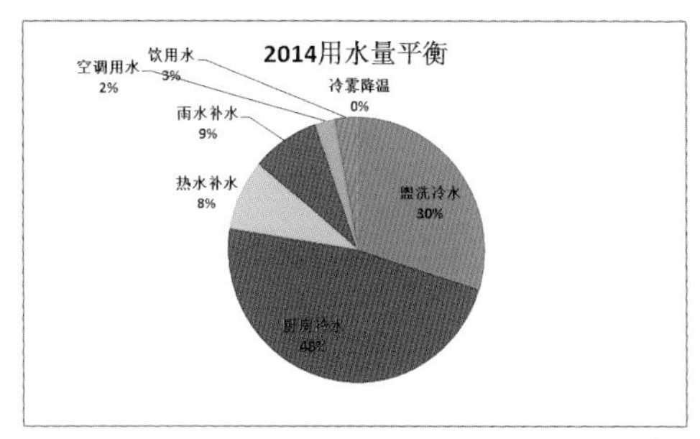

图 3-67　2014 年用水量分布图（单位：m^3）

230 个工作日计算，人均用水量为 36L，见图 3-66。

生活用水、厨房用水、雨水补水用量较多，分别占到 48%、30% 和 9%(图 3-67)。

项目整体运行能效较高，全年用电量低于上海市同类型空调系统的同类建筑合理用能水平的 50%、先进用能水平的 25%。

2013 年、2014 年两年总能耗水平如表 3-24。

2013 年、2014 年两年总用电耗汇总表　表 3-24　单位：kWh/（m^2・a）

年份	内容	365 日，全时段	248 个工作日，工作时间（8:00~18:00）	综合办公建筑的用能指标合理值（半集中式、分体式空调系统）	综合办公建筑的用能指标先进值(半集中式、分体式空调系统）	独立办公形式的市级机关的用能指标（空调系统为分体空调）
2013	总用电量（kWh/a）	443993	281573	120	83	107
	单位面积（包括地下室面积）用电量	60.8	38.6			

续表

年份	内容	365日，全时段	248个工作日，工作时间（8:00~18:00）	综合办公建筑的用能指标合理值（半集中式、分体式空调系统）	综合办公建筑的用能指标先进值（半集中式、分体式空调系统）	独立办公形式的市级机关的用能指标（空调系统为分体空调）
2014	总用电量（kWh/a）	461382	301084	120	83	107
	单位面积（包括地下室面积）用电量	63.2	41.2			

3.7.5 运行规律

1. 逐月用电量

逐月用电量是用来判断逐月用电变化规律的重要依据，是确定夏季、冬季、过渡季的用电典型月的重要依据，是进行全年经济节能性分析的重要依据，由图3-68可见，7月、8月是夏季用电的高峰月，达到全年用电量的高峰，12月、1月是冬季用电量的高峰，达到全年高峰月用电量的80%~90%，4月、10月是过渡季节，用电量最低约为高峰月用电量的30%~40%。

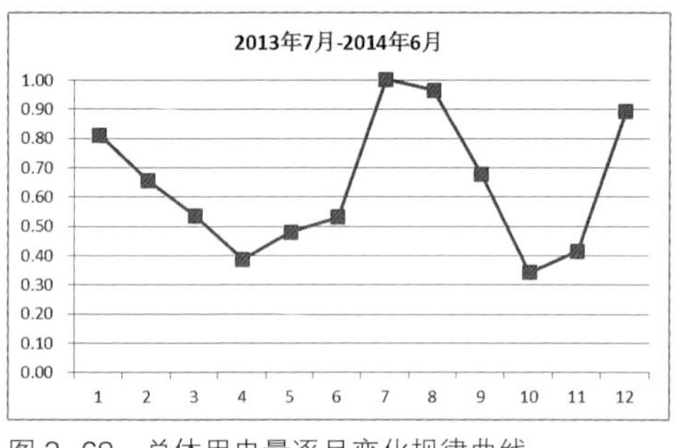

图3-68　总体用电量逐月变化规律曲线

由图3-69可见，照明用电量全年变化较为平稳，除了2月、10月节假日时间较长之外，平均在80%~100%之间，12月份最高，2月份最低达到高峰月的70%。

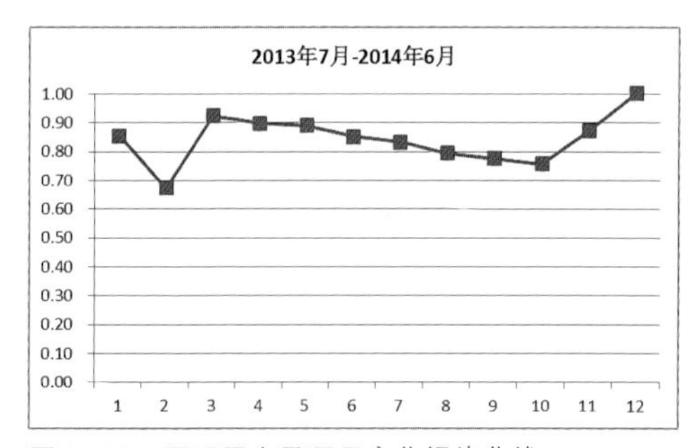

图3-69　照明用电量逐月变化规律曲线

由图3-70可见，插座用电量全年变化较为平稳，除了2月较低之外，平均在

80%~100% 之间，7 月、8 月份最高，2 月份最低达到高峰月的 75%。

由图 3-71 可见，全年用电量的变化主要由空调用电量的变化所致，与总用电量变化规律相似，7 月、8 月是夏季用电的高峰月，达到全年用电量的高峰，12 月、1 月是冬季用电量的高峰，达到全年高峰月用电量的 60%~80%，4 月、10 月是过渡季节，用电量最低，约为高峰月用电量的 10% 左右。

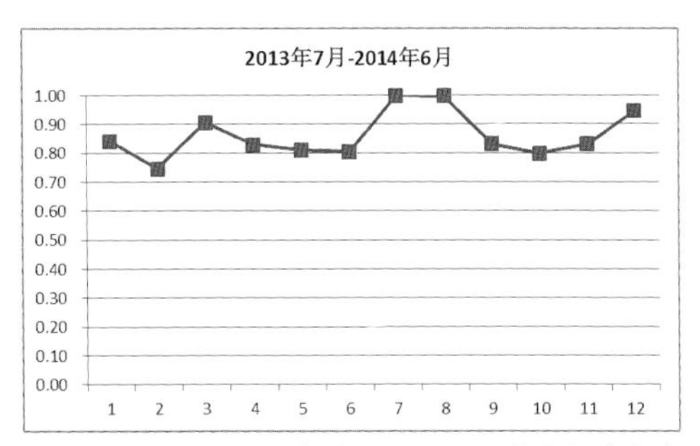

图 3-70　插座用电量逐月变化规律曲线

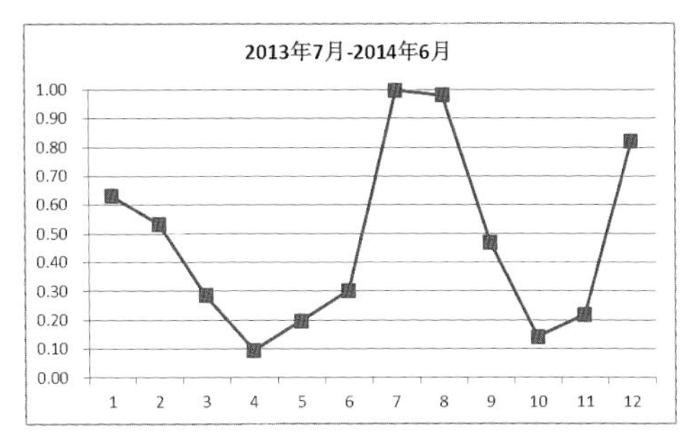

图 3-71　空调用电量逐月变化规律曲线

2. 整体逐时用电量

由图 3-72、图 3-73 可见，冬季工作日主要用电时间集中在6:30至20:30之间，最高用电负荷为 33 W/m²，冬季休息日大部分时间负荷在 3~6 W/m² 之间浮动。

由图 3-74、图 3-75 可见，夏季工作日主要用电时间集中在7:30至18:30之间，最高用电负荷为 37 W/m²，夏季休息日大部分时间负荷在 3~6 W/m² 之间浮动。

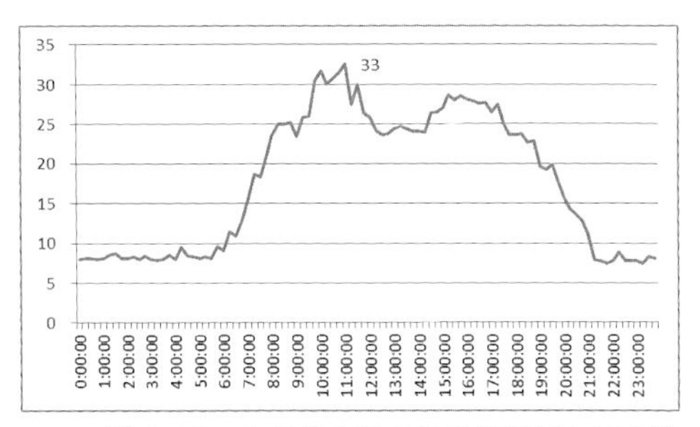

图 3-72　1 月份典型工作日逐时用电量曲线（单位：W/m²）

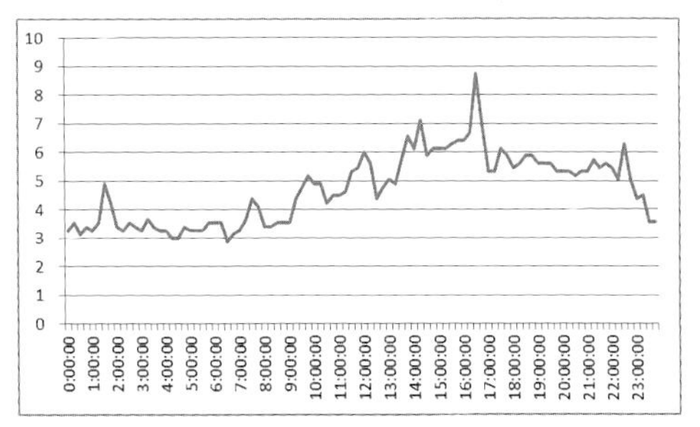

图 3-73　1 月份典型周末休息日逐时用电量曲线（单位：W/m²）

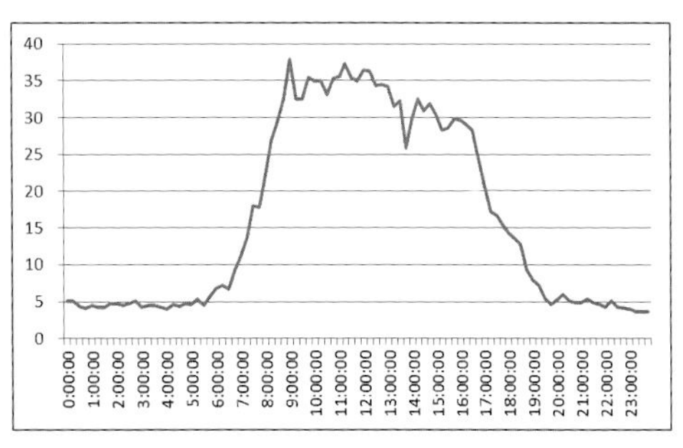

图 3-74　7 月份典型工作日逐时用电量曲线（单位：W/m²）

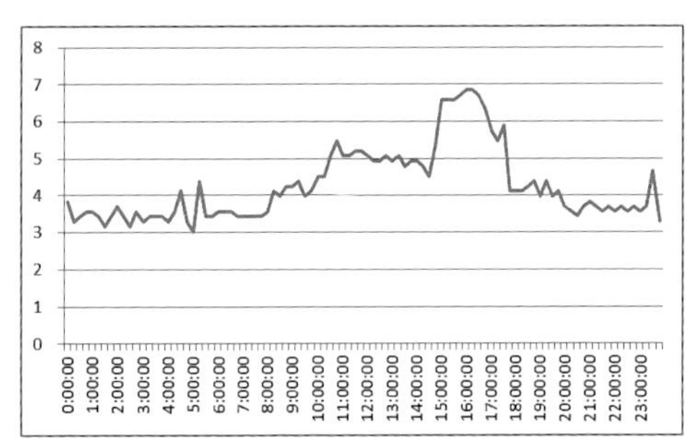

图 3–75　7 月份典型周末休息日逐时用电量曲线（单位：W/m^2）

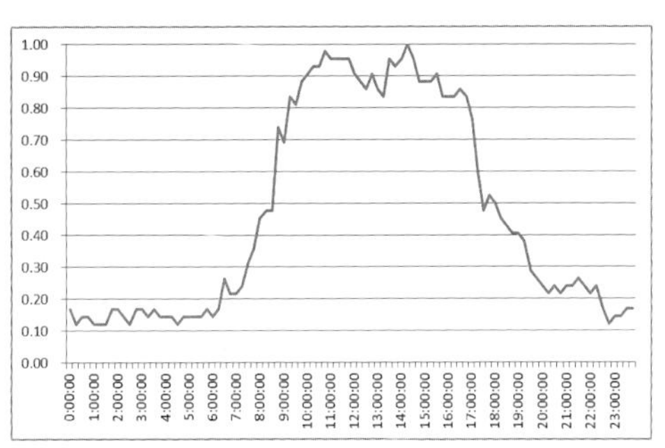

图 3–76　典型日（工作日）照明插座逐时用电变化规律曲线

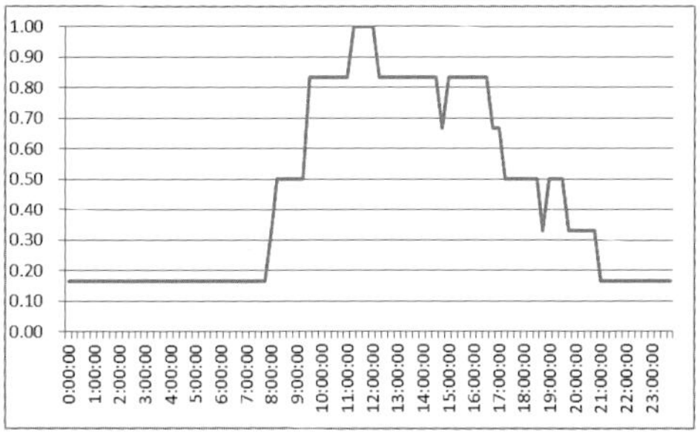

图 3–77　1 月典型日（工作日）空调逐时用电变化规律曲线

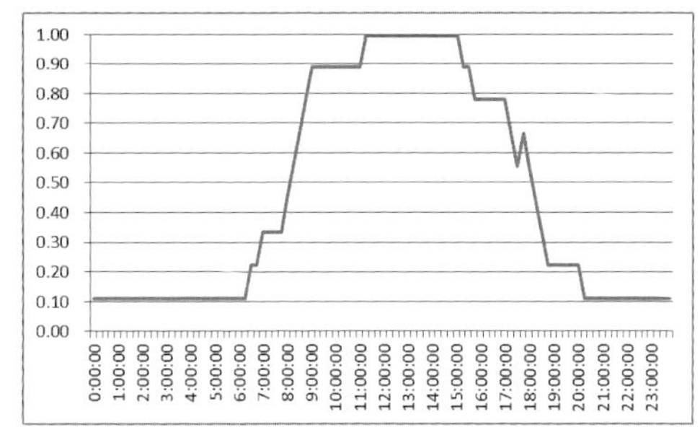

图 3–78　7 月典型日（工作日）空调逐时用电变化规律曲线

3. 照明插座逐时用电量

由“逐月用电量”分析可知，照明和插座用电全年变化不大，典型日可以一年的某日作为典型日，空调则随季节变化较为明显，夏季以 7 月某日作为典型日代表夏季，冬季以 1 月某日作为典型日代表冬季。

由图 3–76 可见，照明插座用电主要集中在 9:00~17:00 之间，与上班时间正好吻合，高峰期在 11:00 至 15:00 之间，12:00 至 13:00 存在一个低谷，约为高峰用电的 85%~90%，正好与中午休息相关，此外 22:00 至 6:00 之间属于基本不办公时段，用电量达到最低，约为高峰用电的 10% 左右。

4. 空调供暖逐时用电量

由图 3–77、图 3–78 可见，空调高峰用电主要集中在 12:00 左右。从供暖使用来看，存在几个典型时段：1）高峰用电的 80% 时段，这个时段较长主要集中在 10:00 至 16:00 之间，是主要的上班时间；2）高峰用电的 50% 时段，这个时段主要集中在 8:00 至 10:00 和 16:00 至 19:00 之间，这个时段是早上上班和晚上下班时段。其他时间用电量达到最低，约为高峰用电的 10%~20%。

从空调使用来看，存在几个典型时段：1）高峰用电的 80%~90% 时段，这个时段较长主要集中在 9:00 至 17:00 之间，是主要的上班时间；2）高峰用电的 10%~80% 变化时段，这个时段主要集中在 6:00 至 9:00 和 17:00 至 20:00 之间，这个时段是早上上班阶段和晚上下班时段。其他时间用电量达到最低，约为高峰用电的 10% 左右。

空调相对于供暖，使用时段会更长一些，高峰时段也会持续更长一些。

5. 厨房用水用电规律

申都大厦的厨房的总体配电容量为 50kW，餐厅座位数为 154 个，包括一个可容纳 20 人的小包间，厨房用电主要包括厨房排风、洗碗机等厨房设备，每日只供应早餐和午餐，整个办公楼使用人数最大值为 382 人。

从用电角度每月规律相似，典型日逐时用电负荷变化曲线见图 3–78，由图可知最高用电量会出现在 11:00 左右，11 点之前会出现约半小时的低谷，约为高峰用电量的 20%；6:00~12:00 之间用电保持较为稳定，约为高峰用电量的 50%~70%；其他时段用电量较低小于高峰用电量的 10%（图 3–79）。

经过一年（2014 年）的统计分析可知，每日的总用水量约为 3~7m^3 之间，按照工位数计算即 7.9~18.3L/（d·p），全年耗水量为 15.9L/（d·p），全年平均电耗为 0.02kWh/L。

每日用水时间一定的变化，基本随着总用水量的增加，用水时间也在增加，3m^3 的主要用水时间约为 6h；5m^3 的主要用水时间约为 8h；主要用水时间集中在 6:00~14:00 之间，12:00~13:00 之后，用水量增长速度最快，如图 3–80、图 3–81。

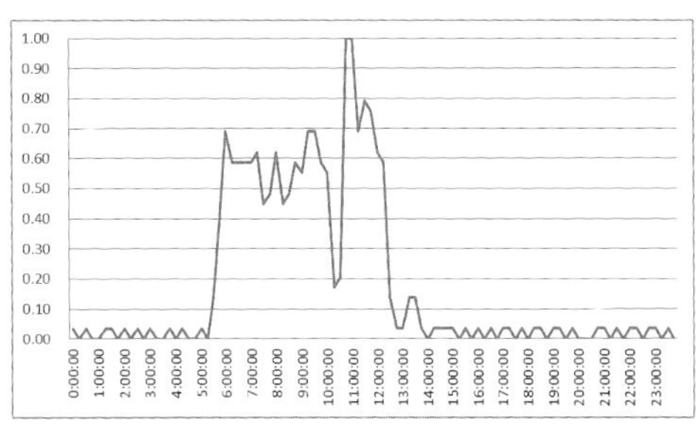

图 3–79 厨房典型日（工作日）逐时用电变化规律曲线

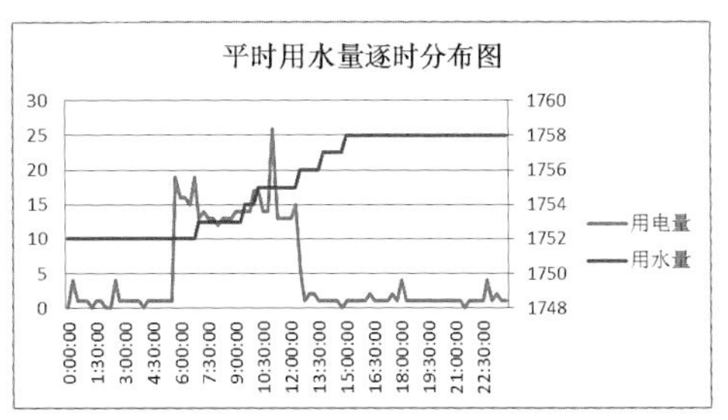

图 3–80 9 月厨房平时用水量逐时分布图

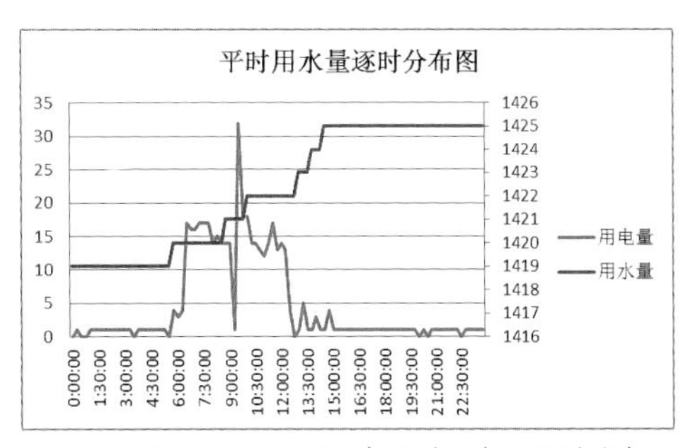

图 3–81 6 月厨房平时用水量逐时分布图

3.8 用户感受

3.8.1 新申都大厦田园赋

入住一年有余的用户因申都大厦的良好环境写下了“新申都大厦田园赋”美句:“每到盛夏时节，大厦东南大面积垂直绿化网板上爬着的常春藤、五叶地锦、月季，长得枝繁叶茂、花团锦簇，织就了一道道生机盎然的绿色帷幔，调节着整个建筑的生态环境，然而申都的美不仅于此，让人流连忘返的是楼顶那片菜园，名为菜园，其实也不过东西三十五步，南北十五步而已……”

申都大厦的屋顶菜园日常管理实施了责任田分包制，即由入住单位的一个部门或小组或个人承包，承包人负责菜地的耕种、维护和收割，这种模式不仅增加了工作人员的生活情趣，而且节约了专业维护所需的维护成本，效果非常好（图 3–82~图 3–85）。

图 3–82 上海申都大厦屋顶菜园的日常维护照片

图 3–83 上海申都大厦屋顶菜园的全景照片

图 3–84 上海申都大厦屋顶菜园的主要蔬菜照片

图 3-85 上海申都大厦屋顶菜园的上桌菜照片

3.8.2 重庆大学的调查分析

项目于 2013 年 11 月 4 日上午 9:40 至 11 月 6 日上午 9:45，请重庆大学就过渡季节（非空调时期）室内（二层、六层）的热湿环境进行了测试，测试结果表明二、六层的 APMV 分别为 -0.33、-0.29，根据《民用建筑室内热湿环境评价标准》GB/T 50785-2012 的非人工冷热源热湿环境评价等级表可知，该办公建筑的室内热湿环境等级为 I 级。根据大样本问卷调查的结果也可以看出二、六层的实际热感觉 AMV 分别为 0.06、0.15，也说明室内热湿环境属于 I 级。综合来看，该办公建筑的室内热湿环境属于 I 级（表 3-25）。

室内环境参数及 APMV 表 3-25

测试楼层	空气温度（℃）	风速（m/s）	相对湿度（%）	平均辐射温度（℃）	PMV	APMV	AMV	等级
二层	22.6	0.04	46.6	21.8	-0.41	-0.33	0.06	I 级
六层	22.8	0.04	45.6	22.5	-0.35	-0.29	0.15	I 级

室内人体湿感觉评价

从客观湿度测试数据来看（图 3-86），该栋办公建筑的室内相对湿度主要分布在 35%~50% 之间，这说明室内的相对湿度偏低，这可能引起人们嗓子不适、眼涩、干喉痛等不适症状，同时这也与上海市秋季气候干燥等因素有关。

在对室内的相对湿度进行测试的同时，我们还对室内的潮湿感和湿期望进行了主观问卷调查，其室内人员潮湿感投票值（-3—很干，-2—干，-1—有点干，0—舒适，1—有点潮，2—潮，3—很潮）和湿期望投票值（1—升高，0—不变，-1—降低）分布如图 3-87、图 3-88 所示。

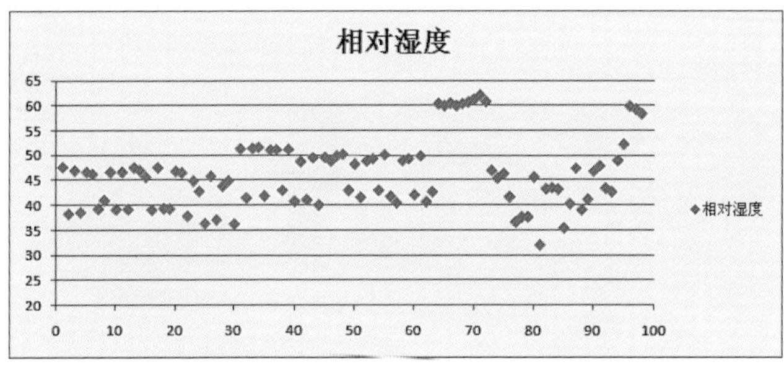

图 3-86 室内相对湿度分布散点图

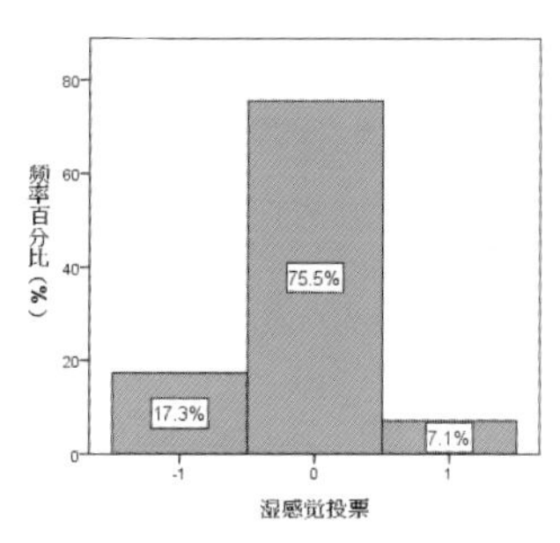

图 3-87 室内人体湿感觉投票值频率分布图

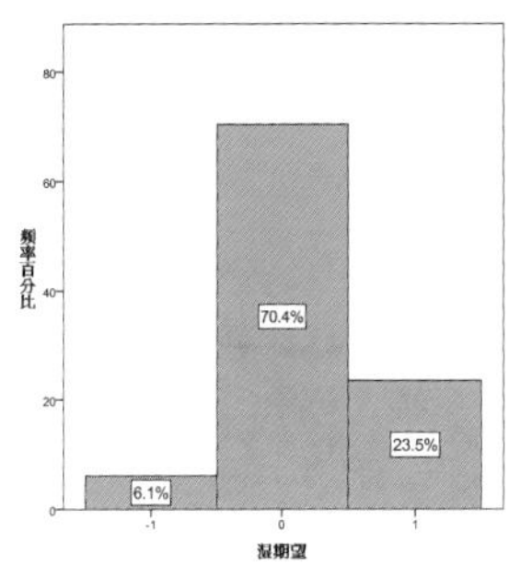

图 3-88 室内人体湿期望投票值频率分布图

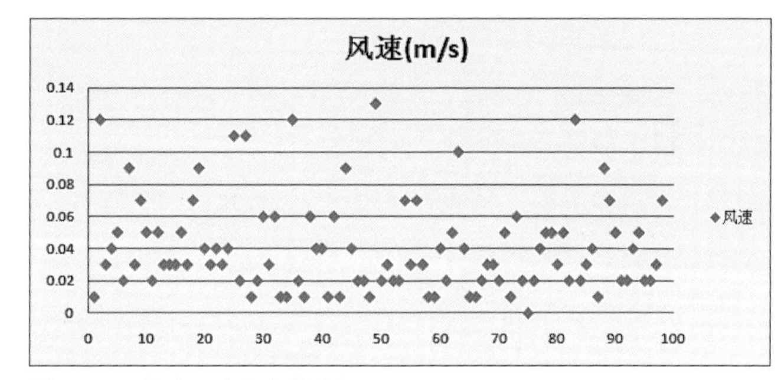

图 3-89 室内风速分布散点图

从湿感觉投票值的分布来看，有超过 75% 的人员对室内湿环境感到满意，说明该办公建筑的室内大部分人对室内湿环境是感到满意的。但同时我们可以发现，同样有接近 17% 的室内人员觉得有点干，这说明该办公室在过渡季里应在局部采取一定的加湿措施。这一点也可以从湿期望的投票值中发现，有约 70.4% 的室内人员期望湿度保持不变，约 23.5% 的室内人员期望湿度升高，仅有约 6.1% 的室内人员期望湿度降低，这说明室内湿度环境能让室内大部分人员感到满意，但同时该办公室在过渡季里应在局部采取一定的加湿措施。

室内人体吹风感觉评价

本次测试中，我们利用热线风速仪对室内风速进行了测试，其室内风速的分布如图 3-89 所示。

从图 3-89 可知，该办公建筑的室内风速基本上小于 0.1m/s，这说明室内基本上处于无风状态，这可能是由于在测试时间段里，该办公建筑的窗户基本上处于关闭状态所致。同时这也是人们的一种行为调节作用，因为在测试的时间段里，室外温度较低，人们选择关闭窗户来达到一种理想的热舒适状态。对人们的主观吹风感（3—很闷，2—闷，1—有点闷，0—舒适无风，-1—舒适有风，-2—风大了点，

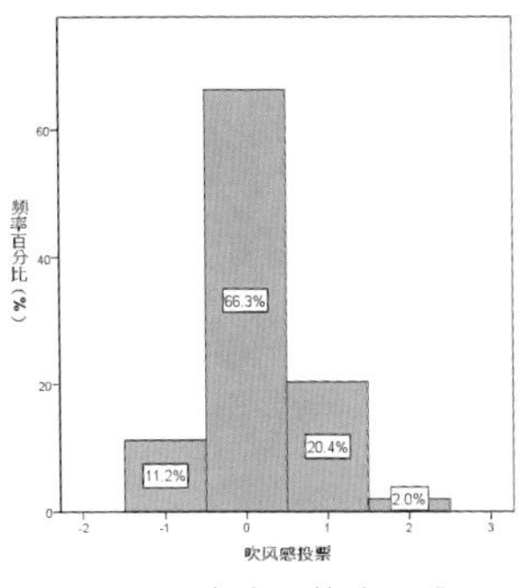

图 3-90 室内人体吹风感投票值频率分布图

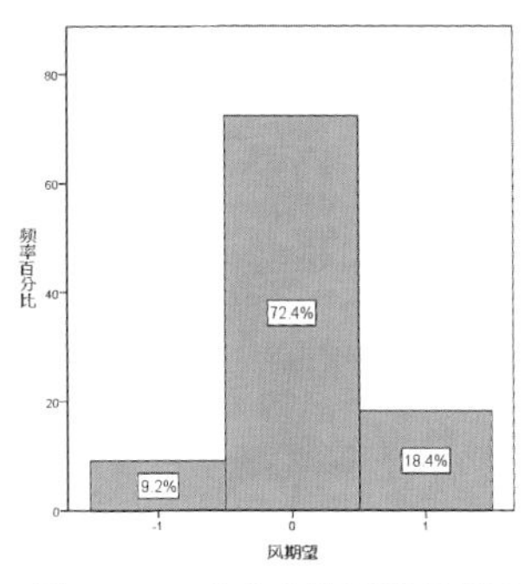

图 3-91 室内人体风期望投票值频率分布图

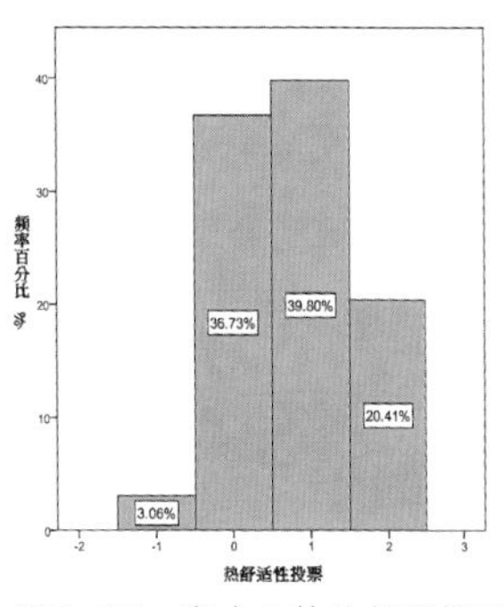

图 3-92 室内人体热舒适性投票值频率分布图

-3—风很大）和主观风期望（1—升高，0—不变，-1—降低）投票值进行统计，问卷调查所得结果如图 3-90、图 3-91 所示，可以看出有约 86.7% 的室内人员对室内风速是感到满意的，而对室内风速感到不满意的仅占 13.3%，这其中有约 11.2% 的人是觉得风速偏小，而 2.0% 的人员觉得风速偏大，而对于风期望，有约 72.4% 的室内人员期望风速不变，约 18.4% 的室内人员期望风速升高，约 9.2% 的室内人员期望风速降低。这两个投票值说明，室内的大部分办公人员对室内风环境是感到满意的，而仅有少部分人对室内风环境感到不满意，而在这小部分人中，认为风速过小期望风速升高的人所占的比例要远高于认为风速太大期望风速降低的人，这说明相比于无风感，人们更期望轻微的清风拂面感来调节闷感和室内空气的不新鲜感。因此，总体来看，该办公建筑的室内风速是满足舒适度要求的，不会使人产生吹风感。

室内人体热舒适性评价

依据美国供暖制冷空调工程师学会的标准（ASHRAE Standard 55-2004），热舒适的定义为：对热环境表示满意的意识状态，这一定义当前已被普遍接受。在本次问卷调查中，我们同样对办公室内的热舒适性的满意度（-2—不满意，-1—较不满意，0—可接受，1—较满意，2—满意）进行了调查，其结果如图 3-92 所示。

从室内人体热舒适性的主观投票来看，对室内热湿环境感到满意的约占 20.4%，对室内认识环境感到较满意的约占 39.8%，对室内热湿环境感到可接受的约占 36.73%，而仅有约 3.1% 的人员对室内热湿环境感到较不满意。综合来看，对室内热湿环境感到不满意的仅占 3.1% 左右，这说明该办公建筑的室内热湿环境是能够令绝大多数人感到满意的。

室内空气品质主观初步评价

室内空气品质对人们工作效率和身

体健康等都有显著影响，本次调研除了对室内热湿环境进行问卷调查，还对室内空气品质方面进行了主观问卷调查，主要设置了您感觉办公室经常有的气味和您在此办公室内经常感觉到的不适症状两个问题，经过对回收的问卷数据进行分析整理后得到办公室经常有的气味（洗手间气味-1；香烟气味-2；家具、装修气味-3；其他物品气味-4）频率分布图如图 2-88 所示，办公室内经常感觉到的不适症状（疲乏-1；恶心-2；头晕、头痛-3；嗜睡-4；燥热、心烦-5；嗓子不适-6；眼涩-7；口干喉痛-8；流眼泪-9；鼻子不适-10；呼吸不畅-11；注意力不集中-12；皮肤干燥-13；耳鸣-14；皮肤发疹、发痒-15；无-16）的频率分布图如图 3-93 所示。

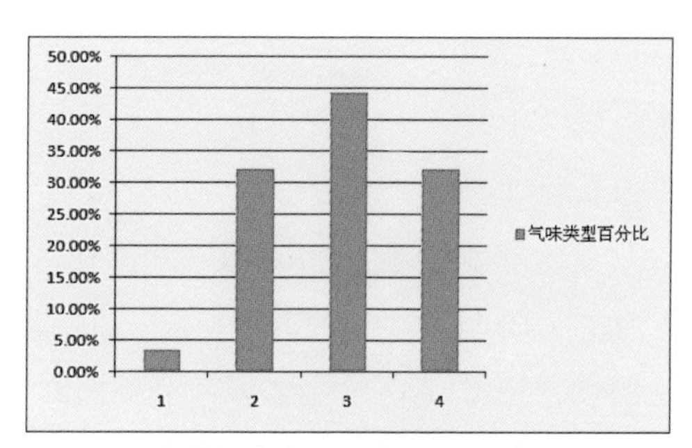

图 3-93　室内经常有的气味投票值频率分布图

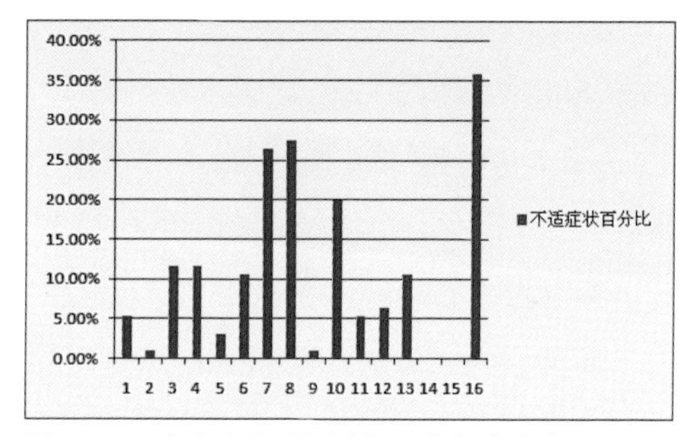

图 3-94　室内人员不适症投票值频率分布图

从室内经常有的气味投票值频率分布图（图 3-94）可以看出，室内人员感觉到最多的气味是家具、装修气味，比例约有 44.40%，其次是香烟气味和其他气味，两者的比例都约是 32.20%，最后是洗手间气味，比例约是 3.33%，家具、装修气味所占的比例最高可能是因为目前该办公建筑经改造装修后才投入使用约 1 年，因此该项所占的比例最高。

从室内人员不适症投票值频率分布图可以看出，室内人员出现最多的不适症是眼涩、口干喉痛和鼻子不适等症状，比例分别高达 26.32%、27.37% 和 20%，这些症状的出现一方面可能与室内办公人员经常使用电脑有关，另一方面也可能与室内的湿度比较低有关，因此采取必要的局部加湿措施对于改善室内环境是很有必要的。

3.8.3 清华大学的调查分析

2013 年 12 月清华大学对用户的使用感受进行了问卷调查，此次共收回有效问卷 53 份。

1. 基本信息统计

如图 3-95 所示，经统计，被调研中

男女比例相当，其中男性占 52%，女性占 48%；年龄分布主要集中站 30~50 岁之间，其中 30 岁以下占 27%，30~40 岁之间占 48%，41~50 岁之间占 19%，被调查者的工作性质主要以设计和设计管理为主，分别占 34% 和 45%，被调查者的办公室主要有四种类型，调查的比例相当，分别是无任何隔断的大开敞空间占 41%、有隔断的大开敞空间占 32%、2~8 人共用单独房间占 19%、单人房间占 8%。

2. 热环境满意度

如图 3–96 可以看出，全年各季的满意程度都超过了 50%，春秋季最好占到 79%，冬季次之占到 57%，夏季最差占到 55%。调查研究得知主要不满意的方面包括大堂热风下不来、夏季靠近窗口过晒、冬季热风不足站起来才感到暖风、头热脚冷等。

3. 光环境满意度

如图 3–97 可以看出，全年各季的满意程度都非常高，冬季最好满意占到 88%，夏季次之满意占到 83%，春秋季再次占到 79%。调查研究得知主要不满意的方面包括自然光太强、有点刺眼伤眼、西晒时直接照到屏上有反光等。

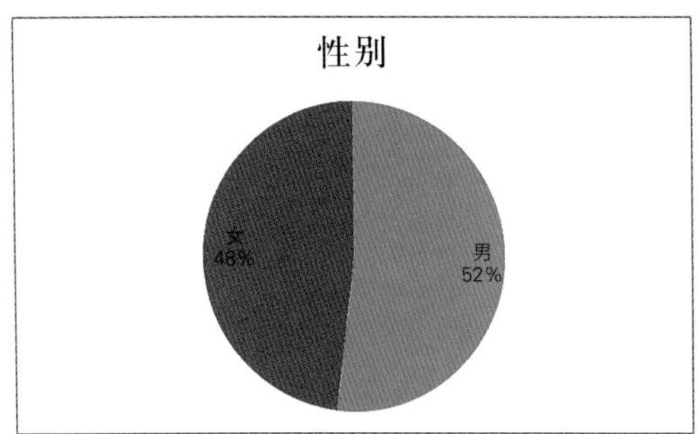

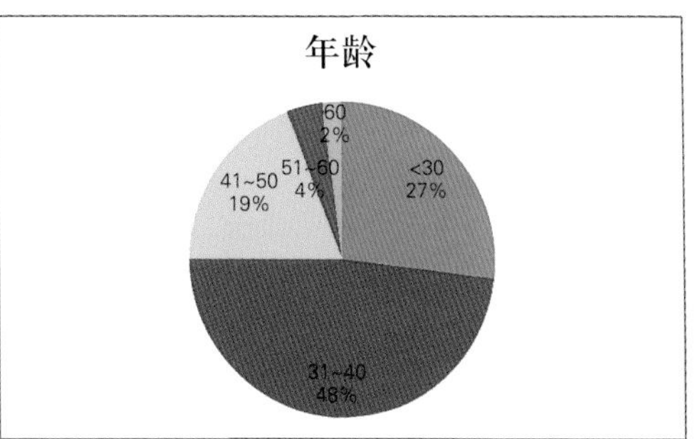

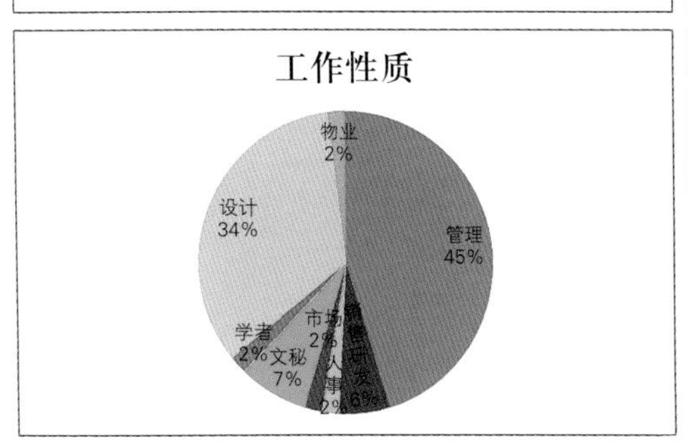

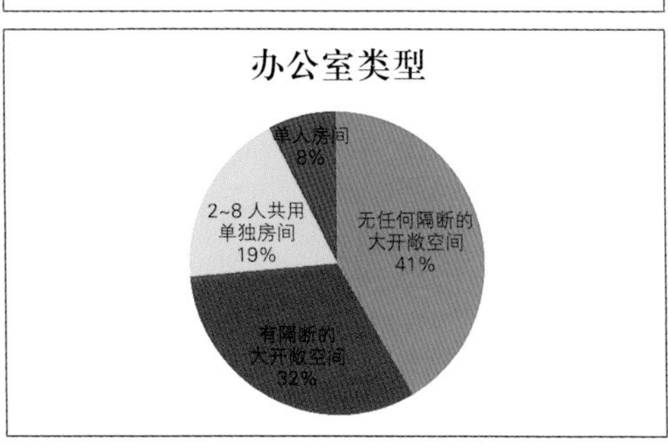

图 3–95　基本信息汇总

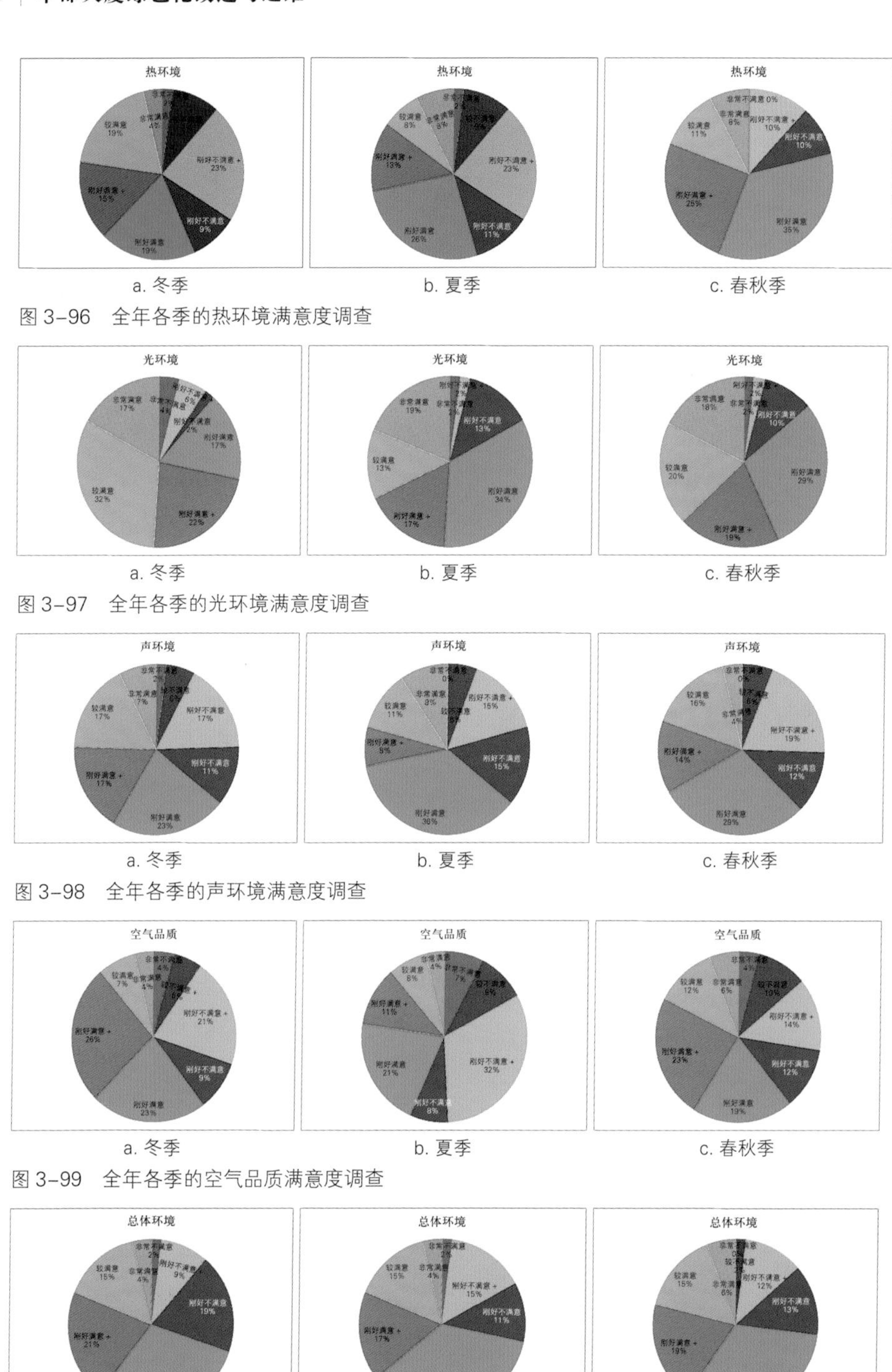

图 3-96 全年各季的热环境满意度调查

图 3-97 全年各季的光环境满意度调查

图 3-98 全年各季的声环境满意度调查

图 3-99 全年各季的空气品质满意度调查

图 3-100 全年各季的总体环境满意度调查

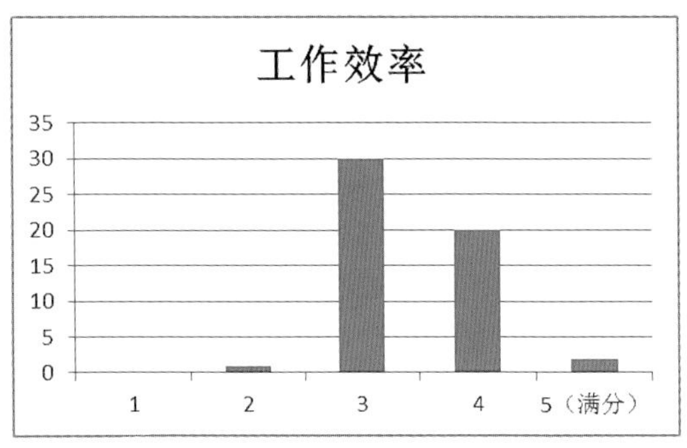

图 3–101 被调查者工作效率满意度调查

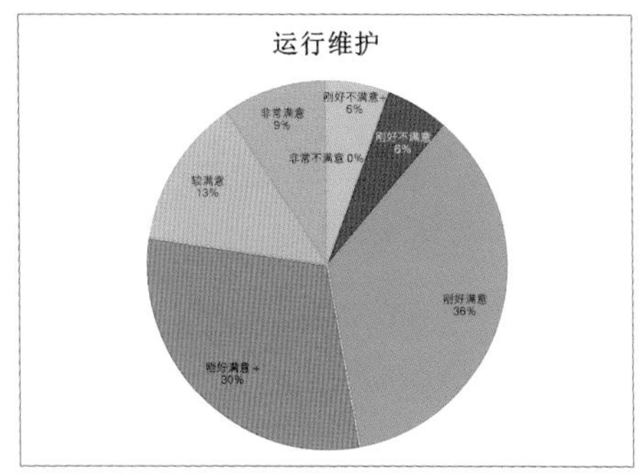

图 3–102 被调查者对大楼的总体运行维护情况的满意度调查

4. 声环境满意度

如图 3–98 可以看出，全年各季的满意程度都较好，超过 60%，其中冬季和夏季满意占到 64%，春秋季占到 63%。调查研究得知主要不满意的方面包括靠马路噪声太大、缺少隔断工位间声音干扰较大等。

5. 空气品质满意度

如图 3–99 可以看出，除夏季外，其他季节的空气品质满意度都较高，冬季满意占到 60%，春秋季满意占到 60%，夏季满意仅占到 44%，调查研究得知主要不满意的方面包括空气不新鲜、室内环境中空气流通不畅、干燥、有烟味等。

6. 总体环境满意度

如图 3–100 可以看出，全年各季的满意程度都较好，超过 70%，其中春秋季满意占到 73%，夏季满意占到 72%，冬季满意占到 70%。

7. 工作效率满意度

如图 3–101 可以看出，被调查者工作效率满意度整体较好，98% 都实现了满意，平均满意程度达到 3.5（5 为满分），即 75 分。

8. 对大楼的总体运行维护情况的满意度

从图 3–102 可以看出，被调查者对大楼的总体运行维护情况的满意程度较高，满意比例占到 88%。

4. 交流

申都大厦由于对于绿色建筑技术全过程贯彻以及高效的运行得到更多媒体和社会各界关注，陆续又获得了清华大学建筑节能研究中心2013年公共建筑节能最佳实践案例、2014年度上海市绿色建筑贡献奖、2015年度国家绿色建筑创新奖等。

接待了包括中国建筑学会、中国制冷学会、巴拿马政府交流团、上海市团市委、上海市建设交通委、上海市机关事务管理局、上海市科委、黄浦区领导、静安区领导、上海绿色建筑协会、上海建筑学会、清华大学、同济大学、上海交通大学、重庆大学、上海世界外国语小学等近百家政府高校企事业单位及专家学者的参观和学习，申都大厦的绿色改造示范作用已刮起一股绿色之风，影响行业，带动产业，触动了社会媒体的广泛关注，中国建设报、解放日报都专门进行了专题报道。

2013年公共建筑节能最佳实践案例

上海市绿色建筑协会申都调研

开启绿色办公建筑新纪元

“绿色建筑”推广要跨几道坎

上图为申都大厦外观。

“绿色建筑”推广要跨几道坎

2014年度上海市绿色建筑贡献奖

中国建筑学会

上海市机关事务管理局申都调研

联合国副秘书长申都调研

上海世界外国语小学

建筑畅言网项目考察

上海建筑科学研究院领导参观申都

上海市科委专家领导参观申都

图4-1 技术交流组图1

上海现代建筑设计集团以申都大厦为载体还积极参与“华东地区国家绿建基地”的组建，积极参加第十届国家绿色建筑与建筑节能大会暨新技术与产品博览会的参展，同时也参加了第六、七届上海绿色建筑与建筑节能国际论坛的参展工作。在第九届国家绿色建筑与建筑节能大会、第十届清华大学建筑节能学术周、第二、三届夏热冬冷地区绿色建筑联盟大会、第五届既有建筑改造技术交流研讨会、2013 年既有建筑功能提升工程技术交流会等行业内的顶级学术论坛上进行技术交流，在行业内扩大了影响力和知名度。

第十届国家绿色建筑与建筑节能大会

第七届上海绿色建筑与建筑节能国际论坛

第六届上海绿色建筑与建筑节能国际论坛

第二届夏热冬冷地区绿色建筑联盟大会

2013 年既有建筑功能提升工程技术交流会

第五届既有建筑改造技术交流研讨会

第十届清华大学建筑节能学术周

同济－拜耳生态建筑与材料研究院讲座

图 4-2　技术交流组图 2

5. 经验与畅想

5.1 成功的点滴

1. 一体化设计、施工、运营的管理策略

申都大厦是绿色建筑三星级标识的项目，绿色建筑技术是项目的一大特点，为了保障项目的成功实施，构建了一体化设计、施工、运营的管理策略。

在成本控制方面，我们采用了全过程成本控制策略，在项目前期策划通过绿色技术策划合理预测项目绿色技术的增量成本开始，随着设计招标、方案设计、扩初设计、施工图设计、招投标逐个过程对于绿色技术的增量成本进行控制。

在项目管理方面，我们在设计、施工、运营不同阶段，分别组建了与之相适应的管理。如在设计阶段，我们将开发单位、设计单位、技术支持单位、技术研发团队融合成一个紧密合作的团队，开发单位负责成本控制、项目协调、功能定位等内容，设计单位负责绿色技术设计，技术支持单位负责对标分析，技术研发团队负责绿色技术开发、设计效果分析及优化，项目最终达到绿色建筑三星级设计标识；在施工阶段，我们将开发单位、监理单位、施工单位、招投标单位、技术研发单位和设计单位组建成一个绿色施工小组，就绿色技术的招投标方案、评标方式、深化设计、施工跟踪进行有机协调，实现了绿色技术的成功实施；在运营阶段，我们将开发单位、物业管理单位、技术研发单位组建成一个绿色运营团队，成功将绿色技术运行效果分析、运营策略、运营管理有效结合起来，获得了2014年度清华大学公共建筑节能最佳实践案例和2014绿色建筑三星级标识。

2. 科技投入带动产业升级，拓展业务水平

科技投入带动产业升级，拓展业务水平是申都大厦绿色改造取得成功的核心价值。申都大厦绿色改造工程总投资约5000万元，绿色科技投入成本约750万元，占到总投资的15%。绿色科技投入主要包括绿色设计技术的应用研究、绿色技术产品以及运营阶段的应用研究三个部分。其中绿色设计技术的应用研究投入包含被动式设计技术研究、智能化技术研究、可再生能源利用技术研究、照明技术研究等，研究成果创新性地提出了垂直绿化、并网型太阳能光伏发电系统、能效监管系统并取得优异的效果，如能效监管系统总投资71万元，是国内第一代将分项计量系统上升为建筑楼宇能源管理平台的创新开发和应用，为确保申都大厦实现绿色建筑运行标识起到重要的作用，该技术目前也成为行业内具有很高竞争力的产品。

3. 集成创新和适宜设计

项目为高密度城市建筑群中旧工业建筑改造后的再改造工程，通过旧建筑的再利用改造，使得项目改善了周边环境，提高了结构安全性能和围护结构节能性能，拓展了空间使用功能，完善了机电设备系统等，使得建筑焕然一新，既可以满足现有办公建筑的要求，又成为既有建筑绿色化改造的典范。

通过“三绿”适应环境，提高了建筑品质，既创新性地设计出与建筑一体的垂直绿化系统，满足隔声、降噪、改善绿化环境、立面效果的基本需求，同时兼顾了遮阳、通风、采光、立面效果等物理功能；既创新性地将屋顶空间与屋顶菜园结合，实现了屋顶保温的基本功能，又实现了屋顶绿化，且增加了办公人员的活动空间和工作情趣。

富有情趣的“空间改造”与被动式节能技术的结合，即通过边庭、中庭的设计既解决了原有工业建筑空间进深大，室内采光、通风环境不利的问题，又使得每层空间具有与室外接触的空间，提高了工作人员的工作效率。

依托“能效系统、BA 系统”的系统优化运行管理，即为了实现项目的高效运行，项目进行了详尽的计量和监测，针对配电系统，项目共安装电表 207 个，可以满足分析不同空间不同类型的设备用能特点的要求，并将太阳能光伏系统、太阳能热水系统、雨水回用系统、新风系统、小型气象监测系统的监测参数与分项计量系统集成，结合 BA 系统进行设备运行的用能效率分析和优化运行管理。

基于“运维 BIM 技术、FM 技术”的信息化物业管理应用，即项目建立了详尽的竣工 BIM 模型，并将 BIM 模型与物业管理软件平台 FM 系统集成，物业可以实现通过 FM 平台对于设施、资产进行日常的报修、维修、定期的维护保养进行电子化管理，提高了物业管理的效率。

空间设计与加固设计的均衡，即项目兼顾空间使用的需求，采用了软钢阻尼器的消能减震加固方案替代了框架梁、柱截面加大的传统加固方式，节约混凝土用量约 85 m^3、相应配筋 6.6t，每层可增加 4.7m^2 净面积。

采用“半分散式”空调，实现“部分时间、部分空间”的室内环境控制方式，既实现低能耗，也能获得出色的室内环境。项目依据设计院办公使用的特点，采用了易于灵活区域调节的变制冷剂流量多联分体式空调系统。

4. 持续创造价值

申都大厦改造工程有别于其他绿色建筑的最大特点是其持续创造价值。项目验收通过后，集团继续投入资金开展运营阶段的研究，重点对于设计技术进行反评估，对于技术的绿色运营进行研究，创新开展 BIM+ FM 技术在运营阶段的应用。这些成果又对于原有设计技术的提升起到重要的启示作用，如中庭自然通风不仅应关注过渡季促进自然通风作用，还应关注冬季防风渗透，太阳能热水系统在办公建筑应谨慎使用，即使使用也应仅针对厨房热水需求进行设计，并考虑间歇式供热水设计等，绿色运营和 BIM+FM 技术研究对于我们的物业公司管理水平的提高起到重要作用，为其今后陆续走出去承接更多的绿色建筑运营积累了宝贵的经验和技术优势。

5.2 未来的畅想

项目在运营过程中，实现了很多新技术在运营阶段应用，并通过运营分析了绿色技术的应用效果，并提出了设计改进建议，形成了一套用于绿色建筑运维管理的技术资料。但项目实施过程中也发现一些不足，待日后实施和研究中继续改进和完善。

1. 由于现有技术的不足，部分技术的反分析深度还不够

比如说，雨水系统的实际速度与降雨量的关系分析，数据可以指导更合理的水井容积设计，因为项目设计过程没安装雨水井进水侧、水井水位等在线监测装置，所以无法分析；如新风热回收装置效率的细化分析，由于安装的风速监测装置的上传精度只能达到1m/s，导致风量计算粗糙，同样的问题也出现在水表的上传精度只能达到 1 m^3，导致无法分析得到不同水质用水每日逐时的用水量变化的详细规律。

2. 用于运营管理的信息化及分析技术，仍然繁琐，需要专业人员支持

研究提出的能效监管系统结合 BA 方式的建筑能效分析及优化运行方法以及构建的中都大厦运维管理信息化门户平台，没有成为物业管理人员日常使用过程中的必备工具，只有一些简单的功能被采用，如利用能效监管系统查询每月不同楼层以及厨房的用水用电总量，利用运维管理信息化门户平台进行保修以及电子档案备份等，大部分功能只能供专业技术人员使用。

3. 被动式节能技术在运营中的使用管理还不够有序

日常运行研究可知过渡季节中庭自然通风、房间通风都能达到较好的效果，室内自然采光会受到遮阳帘的影响等；但是实际运行过程如何处理自然通风与空调、自然采光和照明上没有形成有效的可持续措施，还是处于使用者的自由调节。

4. 针对申都大厦项目的运营管理方面研究成果扩展性有限

虽然针对申都大厦项目进行了较为详细的研究和实践，但是由于其是一个案例，并且很多系统，如空调系统都是一种自动化设备，运行维护较为简单，即希望通过高效运营来降低其能耗的手段不多，因此对于多数采用水冷机组+燃气锅炉方式的水系统空调，没有任何可以借鉴的结论和经验。

附录　申都荣誉

2011 年度“创新杯 BIM”设计大赛最佳 BIM 工程设计奖三等奖

2012 年获住建部绿色建筑设计标识三星级

2012 年度上海市立体绿化示范项目

2013 年度上海市优秀工程设计一等奖

2013 年第五届上海市建筑学会建筑创作奖优秀奖

2013 年十二五国家科技支撑计划课题“工业建筑绿色化改造技术研究与工程示范”示范项目

2013 年度黄浦区建筑节能示范项目

2014 年度清华大学建筑节能研究中心颁发“公共建筑节能最佳实践案例奖”

2014 年度上海市绿色建筑贡献奖

2014 年度住建部绿色建筑标识三星级

2015 年度国家绿色建筑创新奖一等奖

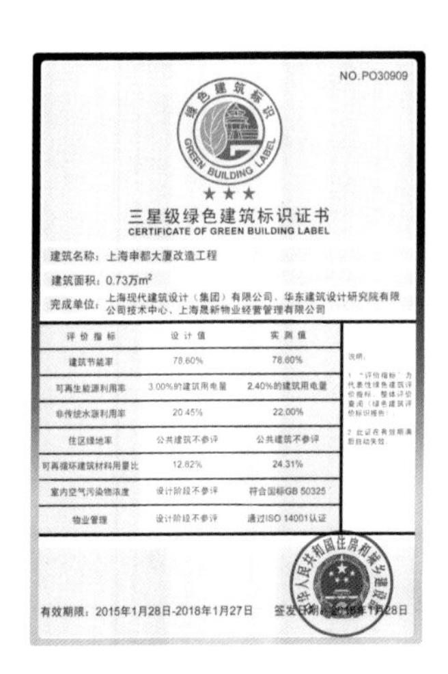

NO.PO30909

三星级绿色建筑标识证书

CERTIFICATE OF GREEN BUILDING LABEL

建筑名称：上海申都大厦改造工程

建筑面积：0.73万m²

完成单位：上海现代建筑设计（集团）有限公司、华东建筑设计研究院有限公司技术中心、上海晟新物业经营管理有限公司

评价指标	设计值	实测值
建筑节能率	78.60%	78.60%
可再生能源利用率	3.00%的建筑用电量	2.40%的建筑用电量
非传统水源利用率	20.45%	22.00%
住区绿地率	公共建筑不参评	公共建筑不参评
可再循环建筑材料用量比	12.82%	24.31%
室内空气污染物浓度	设计阶段不参评	符合国标GB 50325
物业管理	设计阶段不参评	通过ISO 14001认证

说明：

1.“评价指标”为代表性绿色建筑评价指标，整体评价查阅《绿色建筑评价标识报告》。

2. 此证在有效期满后自动失效。

有效期限：2015年1月28日-2018年1月27日　签发日期：

三星级绿色建筑设计标识证书

CERTIFICATE OF GREEN BUILDING DESIGN LABEL

公共建筑　NO.PD30917

建筑名称：上海申都大厦改造工程

建筑面积：0.62万m²

完成单位：上海现代建筑设计（集团）有限公司

评价指标	设计值
建筑节能率	78.60%
可再生能源利用率	3.00%的建筑用电量 66.00%的生活热水量
非传统水源利用率	20.45%
住区绿地率	公共建筑不参评
可再循环建筑材料用量比	12.82%
室内空气污染物浓度	设计阶段不参评
物业管理	设计阶段不参评

有效期限：2012年12月05日-2013年12月04日　签发日期：

公共建筑节能最佳实践案例

Best Practice for Energy Efficiency of Commercial Buildings

上海现代申都大厦

上海现代建筑设计(集团)有限公司

Shanghai Xian Dai Architectural Design (Group) Co., Ltd.

清华大学建筑节能研究中心

Building Energy Research Center

2014.3